顿悟力

再不开窍就晚了

当你拼劲全力也无法达成目标时，缺的就是一次顿悟！———叔本华

麦 冬◎著

中华工商联合出版社

图书在版编目(CIP)数据

顿悟力 / 麦冬著. —北京:中华工商联合出版社,
2013.12(2024.1重印)

ISBN 978-7-5158-0768-3

Ⅰ.①顿… Ⅱ.①麦… Ⅲ.①灵感思维–通俗读物

Ⅳ.①B804.3-49

中国版本图书馆CIP数据核字(2013)第248113号

顿悟力

作　　者:	麦　冬
责任编辑:	吕　莺　李伟伟
装帧设计:	天下书装
责任审读:	郭敬梅
责任印制:	迈致红
出版发行:	中华工商联合出版社有限责任公司
印　　刷:	河北浩润印刷有限公司
版　　次:	2014年1月第1版
印　　次:	2024年1月第2次印刷
开　　本:	710mm×1000mm　1/16
字　　数:	270千字
印　　张:	16.5
书　　号:	ISBN 978-7-5158-0768-3
定　　价:	68.00元

服务热线:010-58301130
销售热线:010-58302813
地址邮编:北京市西城区西环广场A座
　　　　　19-20层,100044
http://www.chgslcbs.cn
E-mail:cicap1202@sina.com(营销中心)
E-mail:gslzbs@sina.com(总编室)

前 言 Preface

顿悟：佛教术语，是禅宗的一个法门，相对于渐悟法门。也就是六祖惠能提倡的"明心见性"法门。是指它通过正确的修行方法，迅速地领悟佛法的要领，从而指导正确的实践而获得成就。

而现实生活中，人们所说的"顿悟"，没有这么复杂，只是一种突然的感悟。而格式塔派心理学家指出人类解决问题的过程就是"顿悟"。当人们对某个问题百思不得其解，突然看出问题情境中的各种关系，并产生了"顿悟"和"理解"——有如"踏破铁鞋无觅处，得来全不费工夫"。

一代大师叔本华说过："当你拼尽全力也无法达到目标时，缺的就是让你顿悟的一句话。"

本书中，作者把人生智慧用到日常生活中，告诉人们如何磨炼意志力、如何洞悉生活本质、如何与别人相处、如何锤炼强大的心智、如何获得人生幸福等，基本囊括了生活智慧的精髓所在，对帮助年轻人洞见人生本质、找到生存的意义和目标有着不可估量的作用。

本书每篇章中的内容都紧扣主题，阐述了生活中做人做事的哲理，且行文深入浅出，绝不艰深晦涩，适合普通大众阅读。而那些富含智慧的文字，往往能一语道破生命的本质，让处在迷茫中的人幡然醒悟，走出人生的困局。

目 录 Contents

第一章　改造"短板"，为你的人生"查漏补缺" ⋯⋯⋯⋯⋯⋯ 1

　　曾有位大师说过如下一段话："人生颠倒愚痴，自以为是，被假象所迷，自造苦业，自食苦果，不受教育是没有能力去获取幸福和快乐的。人的生命充满'短板'，只是进化途中的一级，不改造升华，就不可能跨入完美的境界，得到真正的美满幸福。而人的性情是冥顽不化的，所以这种教育改造必须是一个从身、口、意全方位着手的过程。"

1. 走出"愤世嫉俗"的心，接受人生的"不公平" ⋯⋯⋯⋯ 1
2. 勇敢地冲出"心理牢笼" ⋯⋯⋯⋯⋯⋯⋯⋯⋯⋯⋯⋯ 3
3. 妄自菲薄的人，心里永远笼罩着愁云惨雾 ⋯⋯⋯⋯⋯ 5
4. 优柔寡断是成功的天敌 ⋯⋯⋯⋯⋯⋯⋯⋯⋯⋯⋯⋯ 8
5. 智者充满热忱，愚者缺少激情 ⋯⋯⋯⋯⋯⋯⋯⋯⋯ 11
6. 见异思迁、急功近利者只会越过越不如意 ⋯⋯⋯⋯⋯ 14
7. 心胸狭窄不容他人，他人也必不容你 ⋯⋯⋯⋯⋯⋯⋯ 18
8. 懒惰比操劳更消耗人的身心 ⋯⋯⋯⋯⋯⋯⋯⋯⋯⋯ 23
9. 懦弱是阻碍前进的"麻醉药" ⋯⋯⋯⋯⋯⋯⋯⋯⋯⋯ 27
10. 责任永远不能推卸，也永远推卸不掉 ⋯⋯⋯⋯⋯⋯⋯ 30

第二章 **学会选择,为你的人生增值** ················· **34**

> 人生的道路是由一个个十字路口交错而成的,只有在每一个路口都做出自己正确的选择,才能在自己绚丽的人生大道上走出一串串坚定的脚印,才能实现自己独特的人生价值。

1.选择自信,让我们感受到自己的能力 ················· 34

2.选择能引导你迈向顶端的信念,丢掉让你踌躇不前的信念 ····· 38

3.选择自己喜欢和擅长的事做 ····················· 43

4.选择"跨出去",在冒险中寻找机会 ················· 48

5.选择乐观,让阳光洒满你的世界 ··················· 54

6.改变自己对挫败的态度 ························· 57

7.选择好前进的方向——最重要的是方向,其次才是速度 ······· 62

8.选择改变自我心境,而不是改变外界环境 ············· 66

9.别舍近求远,最好的东西就在你的"后花园"里 ··········· 70

10.要学会放弃,但不轻言放弃——放弃之前要做好选择 ········· 74

第三章 **放低姿态,要生存就要学会"人情世故"** ········· **78**

> 生活中,无论做任何事情,都必须依靠人与人之间的交往与互助完成,人与人之间离不开互求互助、互帮互援。当人与人之间相互友爱、互相帮助依赖时,我们就生活在天堂里,反之,我们就去了地狱。你会选择住在地狱还是天堂?

1.放下所谓的"面子",解决问题才是首要 ··············· 78

2.学会在适当的时候,保持适当的低姿态 ··············· 82

3.看菜吃饭、量体裁衣——要了解办事对象 ··············· 84

4.相信就是力量,用信任赢得好人缘 ··················· 87

5.赞美是人际交往的"助推器" ……………………………… 92

6.巧妙斡旋人际,让他人主动帮你忙的技巧 ……………… 95

7.给真实加点谎言的"佐料",能够迅速地拉近彼此的距离 ……… 104

8.培养维护交情的好习惯 …………………………………… 111

9.伸手不打笑脸人,求人办事重礼节 …………………… 114

10.对他人表示感谢,强化他的成就感 ………………… 116

第四章　找到目标,等于成功了一半 ………………… 118

　　如果一个人没有目标,他就只能在人生的旅途上徘徊,永远到不了终点。

　　没有目标,等于失去行动的方向。这个道理再简单不过了,但为什么有很多人总是找不到自己的目标呢?原因就在于他们缺乏确定自己目标的能力。成功者,非常善于在行动之前通过自己的思考和判断来找到一个适合自己能力发展的目标,因为在他们看来,找到目标就等于成功了一半。

1.先有大目标,才有前进的方向 …………………………… 118

2.从小目标开始突破 ………………………………………… 124

3.设定目标,需要主动出击 ………………………………… 127

4.设定目标失败的七大原因 ………………………………… 129

5.目标要专一,人不可能同时追两只兔子 ……………… 131

6.未来安排不了,但预见得了 …………………………… 134

7.志存高远,而不是好高骛远 …………………………… 138

8.勤奋是最好的人格资产 ………………………………… 142

9."免费的午餐"大多有"陷阱" ………………………… 145

10.实现了既定的目标,如果没有提升梦想,还是要被淘汰的 …… 148

3

第五章　幸福加法，"难得糊涂"的人生 ···················· **151**

　　我们不要对自己的人生有那么多计较，因为正是这些计较阻碍我们开悟，阻碍我们去认识人生真正有价值的东西。如果我们可以活得"糊涂"一点，宁做"傻瓜"，那么我们就会生起单纯的心。

1.很多事，不知道的比知道的好 ····················· 151
2.不为烦恼所忧，不为人事所累 ····················· 154
3.勇于承认自己是错的 ··························· 158
4.戒掉傲气，永远做谦逊的人 ······················ 161
5.吃亏也是一种艺术 ··························· 165
6."好马"也要吃回头草 ························· 170
7.不一定要"功成身退"，但要学会"见好就收" ············ 173
8.不戚戚于贪念，不汲汲于富贵 ····················· 176
9.嘲弄他人是缺"德"，反省自己是美德 ················ 180
10.人生减省一分，便超脱一分 ····················· 183

第六章　学会取舍，感受世界的美好与精彩 ·············· **187**

　　人活于世，每时每刻都要面对诱惑与磨难，迫使我们不得不在"舍、得"面前抉择、徘徊。聪明的人懂得舍得该舍得的，收获该获得的。舍即是得，得即是舍，舍、得有道，才能得到你想要的。漫漫人生路，我们只有"有舍有得"，游刃于舍与得之间，心才不会很累；心不疲累，生活才能够轻松；生活轻松，我们才更能感觉得到世间的美好和精彩。

1.舍掉个人恩怨，彰显魅力 ······················· 187
2."放得下"是一种至高的境界 ····················· 189
3.知足常乐，人生更从容 ························ 191

4.山不过来,"我"就过去 ············ 195

5.舍得小利,才能赢得未来 ············ 197

6.先退一步,再往前跳 ············ 199

7.舍掉虚荣,不做"光环"的奴隶 ············ 200

8.舍掉攀比,驱除嫉妒的妖魔 ············ 206

9.不做金钱的奴隶 ············ 212

10.剥弃世俗外衣,舍弃功名利禄 ············ 215

第七章 感恩惜福,天天都是好日子 ············ 221

乐善好施,是人类最古老,也是最美好的一种行为,更是中华民族的一种传统美德,它表现出了人们的慈善及淡泊之心。美国的演讲学家马克·吐温说过:"善良,是一种世界通用的语言,且盲人可感之,聋人可闻之。"

在中国,人们历来都把帮助别人当作是一件乐事。帮助别人,既能解除他人的苦难,我们自己还能得到精神上的满足——精神升华和完善。因此,每个人都应该加强这方面的道德修养。

1.乐善好施,为自己谋福添利 ············ 221

2.学会苦中作乐,苦日子也要"甜"过 ············ 224

3.缺憾也是一种美,人生没有满分 ············ 227

4.维护健康,健康是行动的保证 ············ 232

5.感谢磨难,因为它让我们更强大 ············ 234

6.感恩生命,任何时候都是最好的 ············ 238

7.坚持善良,让生命散发瑰丽的光芒 ············ 240

8.不以物喜,不以己悲 ············ 243

9.泥泞的路上才有脚印,雨后的天空才有彩虹 ············ 246

10.活出真正的自己,把眼前的事情做好 ············ 249

第一章 >>>>>

改造"短板"，为你的人生"查漏补缺"

曾有位大师说过如下一段话："人生颠倒愚痴，自以为是，被假象所迷，自造苦业，自食苦果，不受教育是没有能力去获取幸福和快乐的。人的生命充满短板，只是进化途中的一级，不改造升华，就不可能跨入完美的境界，得到真正的美满幸福。而人的性情是冥顽不化的，所以这种教育改造必须是一个从身、口、意全方位着手的过程。"

1. 走出"愤世嫉俗"的心，接受人生的"不公平"

不公道现象的存在是必然的，因此公道只能是相对的。当你无法改变这一现实时，你可以努力地改变自己。爱默生曾说过这样一句话："愤世嫉俗……一切愚蠢地要求始终如一，这是人类的弊病之一。"

我们周围的世界，不管是自然界还是人类世界，本身都不可能是一个完全公平的世界。知更鸟吃虫子，这对虫子来说是不公正的；蜘蛛吃苍蝇，对苍蝇来说也是不公正的。美洲狮吃小狼，小狼吃獾，獾吃老鼠，老鼠吃蟑螂……只要环顾一下自然界，就不难看出，世界上有很多现象是无法用公道来衡量的。龙卷风、洪水、海啸和干旱对人类来说都是不公道的。公道只是一种良好的愿望而已，却不是人类的真实生活。倘若人们强求世上任何事物之间都公平合理，那么所有生物连一天都无法生存——鸟儿就不能吃虫子，虫子就不能吃树叶……

所以，我们寻求的完全公道只不过是一种海市蜃楼罢了。只要我们还生活在这个世界上，我们就会遇到各种各样的不公道。面对这些不公道，你可以高兴，可以怨恨，也可以消极视之……但那些不公道现象依然会永远存在下去，如若你愤世嫉俗那将是毫无意义的。

小李是一名名牌高校的毕业生，走出校门后，他被招聘到一家市委机关的宣传部工作。第二年，他把自己一个老乡小郑（小郑毕业于一所普通大学）介绍到他所在的市政府下属的一个局机关工作。仅仅5年时间，他的小老乡被提拔为这个市的副市长，而小李仍在宣传部担任一个副科长职位，整天忙忙碌碌地到处奔跑。在市机关，像小李这样每天起早贪黑、摸爬滚打的人物有几十个，但要提拔的副市长人选却要隔几年才有一个。

事实上，人与人之间总会存在一定的差异。别人的境遇如果比你好，那无论你怎样抱怨也改变不了自己的境遇。你应该避免总是提及他人，不要总是拿着显微镜观察他人的境遇，而应该多关注自己的言行举止，以便更好地调整自己的短板。有些人工作时间不多，报酬却很高；有些人能力不如你强，却因受宠而得到晋升。不管你怎样不愿意，你的妻子和孩子依然会以不同于你的方式行事。然而，只要你将注意力放在自己身上，不去同别人比较，你就不会因周围的不平等现象而烦恼。

活在这世上，要学会接受社会现实的不公平、不公正，用一种平淡宁静的心情来对待各种事物。不以物喜，不以己悲，用一种淡泊的心态来平衡自己的心理。

什么是幸福？幸福是一种心理的平衡，是一种知足常乐、安分守己的心态。当你不再羡慕别人的富足与晋升，不再羡慕别人的优越与高尚，不再鄙薄别人的贫困与媚俗，不再看不起别人的巴结与奉承，不再孜孜以求所谓的成功，而过自己那种心安理得、兴之所至、随遇而安、自得其乐的生活时，你就是一个幸福的人。

记住，各种人生陷阱几乎都有一个相同的特征——把别人的行为看得更加重要。如果你总是说，"他能做，我也可以做"这一类的话，那你就是在根据别人的标准生活，那么你将永远与自己的生活无缘。

2. 勇敢地冲出"心理牢笼"

世界上最难攻破的不是那些坚固的堡垒和城池，而是你为自己编织的"心理牢笼"。因此，我们要想摆脱困境，走上成功的道路，必须勇敢地冲出自己的"心理牢笼"。

一个人在他25岁时因为被人陷害，而在牢里待了10年。后来沉冤昭雪，他终于走出了监狱。出狱后，他开始了几年如一日的反复控诉、咒骂："我真不幸，在最年轻有为的时候竟遭受冤屈，在监狱里度过了本应最美好的一段时光。监狱里简直不是人待的地方，狭窄得连转身都困难，唯一的小窗口也几乎看不到阳光；并且冬天寒冷难忍，夏天蚊虫叮咬……真不明白，上帝为什么不惩罚那个陷害我的家伙，即使将他千刀万剐，也难解我心头之恨啊！"

75岁那年，在贫病交加中，他终于卧床不起。在他弥留之际，牧师来到他的床边，对他说："可怜的孩子，去天堂之前，忏悔你在人世间的一切罪恶吧……"

牧师的话音刚落，病床上的他声嘶力竭地叫喊起来："我没有什么需要忏悔的，我需要的是诅咒，诅咒那造成我不幸命运的人……"

牧师问："你因受冤屈在监狱待了多少年？离开监狱后又生活了多少年？"

3

他恶狠狠地将数字告诉了牧师。

牧师长叹了一口气，说："可怜的人，你真是世上最不幸的人。对你的不幸，我真的感到万分同情和悲痛。他人囚禁了你区区10年，而当你走出监狱，本应获取永久自由的时候，你却用心底里的仇恨、抱怨、诅咒，囚禁了自己整整40年！"

现实生活中，有不少人和故事中的主人公一样，给自己编织了一个"心理牢笼"。别人做得不对，就一味地诅咒、憎恨；自己做错了一丁点事情，就念念不忘，责备自己的过失。有些人总是喜欢唠叨自己过去的坎坷往事、身体疾病，或抱怨自己的不公平遭遇和生活苦难；还有些人喜欢把自己不懂的事情塞满脑袋，把一些不相干的事与自己联系在一起，造成不必要的心理障碍。殊不知，对那些过去的往事、不平的经历，或那些想不明白的事情，一味地责怪和抱怨，是于事无补的。如果总是对想不通、想不开的事情念念不忘，就很容易使自己失去判断力，最后将囚禁自己的整个人生。

一旦你把自己囚禁在"心狱"之中，哪还有时间去追求丰富多彩的人生呢？

在一个人成长、成熟的过程中，难免会遭受来自社会和家庭的议论、否定、批评或打击，于是许多人奋发向上的热情便慢慢冷却，逐渐丧失了信心和勇气，他们对失败惶恐不安，变得懦弱、狭隘、自卑、孤僻，害怕承担责任，不思进取，不敢拼搏。于是，他们这辈子过得并不如意。事实上，他们这辈子不是输给了外界压力，而是输给了自己。很多时候，阻挡我们前进的不是别人，而是我们自己。因为怕跌倒，所以走得胆战心惊、亦步亦趋；因为怕受伤害，所以把自己裹得严严实实。殊不知，我们在封闭自己的同时，也封闭了自己丰富多彩的人生。

很多时候，影响一个人的幸福感的，并不是因为他物质的贫乏或丰裕，而是他的心境。如果把自己的心灵浸泡在"令人后悔和遗憾"的旧事中，痛苦必然会占据你的整个心灵。

卡耐基先生有一次造访希西监狱，他对狱中的囚犯看起来竟然和世人一样快乐很是惊讶。典狱长罗兹告诉卡耐基："犯人刚入狱时都甘愿服刑，并尽可能快乐地生活。"这时，卡耐基看到有一位花匠囚犯在监狱里一边种着蔬菜、花草，一边轻哼着歌，他哼唱的歌词是："事实已经注定，事实已沿着一定的路线前进，痛苦、悲伤并不能改变既定的形势，也不能删减其中任何一段情节。当然，眼泪也于事无补，它无法使你创造奇迹。那么，让我们停止流无用的眼泪吧！既然谁也无力使时光倒转，不如抬头往前看……"

卡耐基听完，终于明白了这些人快乐的原因。

令人后悔的事情在生活中经常出现：许多事情做了后悔，不做也后悔；许多人遇到了后悔，错过了更后悔；许多话说了后悔，不说也后悔……人生没有回头路，也没有"后悔药"可吃。过去的已经过去，你再也无法重新设计。后悔，只会消弭未来的美好，给未来的生活增添阴影。

只要你心无挂碍，什么都看得开、放得下，何愁没有快乐的春莺在啼鸣？何愁没有快乐的泉溪在歌唱？何愁没有快乐的白云在飘荡？何愁没有快乐的鲜花在绽放？所以，放下就是快乐。不被过去纠缠的人生，才是幸福的人生。

3. 妄自菲薄的人，心里永远笼罩着愁云惨雾

所谓妄自菲薄，就是轻视自己，自己看不起自己。有这种心理的人，并不一定是其本身具有某些缺陷或短处，而是他不能悦纳自己，自惭形秽，常把自己放在一个"低人一等，不被自我喜欢"的位置上，并由此陷入不能自拔的痛苦境地。这种人的心里永远笼罩着愁云，他们永远不敢亮出自己，生怕被人耻笑。

　　从前有个人相貌极丑，街上行人常常要转头对他多看一眼。他从不修饰自己，到死都不在乎衣着。窄窄的黑裤子，伞套似的上衣，到死都戴着一顶窄边的大礼帽，仿佛要故意衬托出他那瘦长的个子。他走路的姿势也相当难看，双手晃来荡去，不知道放在哪里才合适。

　　他是小地方的人，直到临终，虽然已经身居高职，他的举止仍是老样子。他仍然不穿外衣就去开门，不穿外套就去公众场合，总是讲不得体的笑话，总是在公众场合忽然忧郁起来，不言不语。无论在什么地方——法院、讲坛、国会、农庄，甚至于他自己家里，他处处显得无所适从。

　　他不但出身贫贱，而且身世蒙羞。作为私生子，他一生都对自己的出身非常敏感。

　　没有人的出身比他更低，但也没有人比他升得更高。

　　他后来任美国大总统，这个人就是林肯。

　　林肯的一生不是沉浸在自卑中，而是对一切他所缺乏的东西进行全面补偿。他不求名利地位，不求爱情与婚姻美满，集中全力以求达到更高的目标。他渴望把他的独特思想与崇高人格里的一切优点奉献出来，以造福人类。

　　其实，自卑是由于过多地自我否定而产生的一种自惭形秽的情绪体验，也是生命木桶上的一块致命短板。其主要表现为对自己的能力、学识、品质等自身因素评价过低；心理承受能力脆弱，禁不起较强的刺激；谨小慎微，多愁善感，常产生猜疑心理；行为畏缩、瞻前顾后等。在任何年龄段的人身上都可能存在这种心理短板。它使人们不能正确地认识自己的价值，因而产生更多其他的困扰。比如说，德才平平，生命仍未闪现出辉煌与亮丽，往往容易产生看破红尘的感叹和"流水落花春去也"的无奈，以致把悲观失望当成了人生的主调；经过奋斗拼搏，工作有了成绩，事业上创造了辉煌，但总担心风光不再，容易产生前途渺茫、四大皆空的哀叹；随着年龄的增长，青春一去不回头，往往容易哀怨岁月的无情和发出"红日偏西"的感慨……

大学期间的李艳是一个十分自信、从容的女孩。她的学习成绩在班级里名列前茅，她也成为男孩们追逐的焦点。然而，最近李艳的大学同学惊讶地发现，李艳变了，原先活泼可爱的她，像换了一个人似的，不但变得羞羞答答，做起来事也变得畏首畏尾，而且说起话来也显得特别不自信，和大学时判若两人。

每天上班前，李艳会因为穿衣打扮而花上整整两个小时的时间。为此她不惜早起，少睡两个小时。她之所以这么做，是怕自己打扮不好，遭到同事或上司的取笑。在工作中，她更是战战兢兢、小心翼翼，甚至到了谨小慎微的地步。

原来到日本的公司后，李艳发现日本人的服饰及举止都十分高贵和严肃，让她觉得自己土气十足，上不了台面。于是她对自己的服装及饰物产生了深深的厌恶之情。第二天，她就跑到商场去了。可是，由于还没有发工资，她买不起那些名牌服装，只能悻悻地回来了。

在公司的第一个月，李艳是低着头度过的。她不敢抬头看别人穿的正宗的名牌西服、名牌裙子，只要看到那些名牌产品，她就会觉得自己很寒酸。那些日本女人或比她先进入这家公司的中国女人大多穿着一流的品牌服饰，而自己呢，竟然还是一副穷学生样。每当这样比较时，她便感到无地自容。她觉得自己就是混入天鹅群的丑小鸭，心里充满了自卑。

服饰还是小事，更令李艳觉得抬不起头来的，是她的同事们平时用的香水都是洋货。同事们所到之处，处处飘香，而李艳自己用的却是廉价的香水。

女人与女人之间，最喜欢聊的无非是生活上的琐碎小事，比如化妆品、首饰，等等。而关于这些，李艳几乎插不上话。这样，她在同事中间就显得十分孤立，她自己也觉得十分羞惭。

在工作中，李艳也觉得很不如意。由于刚踏入工作岗位，她的工作效率不是很高，不能及时完成上司交给的任务，有时难免受到批评，这让李艳更加拘束和不安，甚至开始怀疑自己的能力。

此外，由于李艳刚进公司，她每天还要负责做清洁工作。看着同事们悠然自得地享用着她倒的开水，她就觉得自己与清洁工无异，这更加深了她的自卑意识。

像李艳这样的自卑者，他们总是一味轻视自己，总感觉自己这也不行，那也不行，什么都比不上别人。他们怕正面接触别人的优点，总是回避自己的弱项。一旦让这种自卑情绪占据心头，就会导致你对什么都提不起精神，犹豫、忧郁、烦恼、焦虑便会纷至沓来。

长此以往，这种自卑心理就会形成一种消极、不良的心境。它是一具压抑自我的沉重的精神枷锁，是一块限制自我容量的心理短板。它会消磨人的意志，软化人的信念，淡化人的追求，使人的锐气钝化，从而畏缩不前。从自我怀疑、自我否定开始，以自我埋没、自我消沉告终，使人陷入悲观哀怨的人生陷阱中不能自拔，眼睁睁地看着"生命之水"从短板处虚妄地流失。

任何人都有自卑的时候，但不能让这块"短板"影响了整个水桶的实力。我们不能总是一味轻视自己，不敢相信自己的想法和决策。生命，有时候是一种恶性循环。你越是不相信自己，很多事情就越做不好。陷入这样的旋涡里，你就将会丢了快乐，丢了幸福。其实，世界上的每一种事物、每一个人都有其优势，都有其存在的价值。

4. 优柔寡断是成功的天敌

世间最可怜的人就是那些举棋不定、犹豫不决的人。一旦有了事情一定要去和他人商量，做出什么样的决定不取决于自己，而是取决于他人，这种主意不定、意志不坚的人，他们既不会相信自己，也不为他人所信赖。

当一个人具有了这种优柔寡断的性格，要想帮他改掉，实在是很难的。犯有这种性格弱点的人，他们从来不会是有毅力的人。这种性格上的弱点，可以败坏他们的自信心，也可以破坏他们的判断力，并大大有害于他们的全部精神能力。

是否拥有果断决策的力量，与一个人的才能有着密切的关系。如果没有决断的能力，那么你的一生就将像深海中的一叶孤舟，永远漂流在狂风暴雨的汪洋大海里，永远达不到成功的彼岸。

造船厂里有一种力量强大的机器，能把一切废铜烂铁毫不费力地压成坚固的钢板。善于做事的人便如同这部机器一般，他们做事异常敏捷，只要他们决心去做，任何复杂困难的问题到了他们手里都会迎刃而解。

如果一个人目标明确、胸有成竹，那么他绝不会把自己的计划拿来与人反复商议，除非他遇到了在见识、能力等各方面都高过自己的人。在决策之前，他会仔细考察，然后制订计划，最后采取行动。这就像在前线作战的将军必须首先仔细研究地形、战略，而后才能拟订作战方案，最后再开始进攻。

那些头脑清晰、判断力很强的人，一定会有自己坚定的主张。他们绝不会糊里糊涂，更不会投机取巧，他们不会永远处于徘徊当中，更不会一遇挫折便赌气退回，使自己的事业前功尽弃。只要做出了决定，他们一定会一往无前地去执行。

英国的基钦纳将军就是一个很好的典型。这位沉默寡言、态度严肃的将军威猛如狮、出师必捷，他一旦制订好计划，确定了作战方案，就绝不会再三心二意地去与他人讨论，向人咨询。在著名的南非之战中，基钦纳将军率领他的驻军出发时，除了他和他的参谋长外，谁也不知道部队将要开赴哪里。他只下令，要预备一辆火车、一队卫士及一批士兵。此外，基钦纳不动声色，甚至没有电报通知沿线各地。战争开始后，有一天早晨六点钟，他突然出现在卡波城的一家旅馆里。他打开这家旅馆的旅客名单，发现了几个本该在值夜班的军官的名字。他走进那些违反军纪的军官的房间，一言不发地递给他们一张纸条，上面是他的命令："今天上午十点，专车赴前线；下午四点，乘船返回伦敦。"基钦纳不管军官们的解释和辩白，更不听他们的求饶，只用这样一张小纸条，就给所有的军官下了一个警告，杀一儆百。

基钦纳将军有无比坚定的意志，做任何事都异常镇静，胸有成竹，他任何时候都能冷静而有计划地去做每一件事，这样就事事马到成功。

现在，社会上最受欢迎的是那些有巨大创造力并有非凡经营能力的人。有些人往往只知道按部就班地听从别人的吩咐，去做一些别人已经安排妥当的事情，并且凡事都要有人详细地指示。唯有那些有主张、有独创性、肯研究问题、善于经营管理的人，才是人类的希望。也正是这种人，充当了人类的"开路先锋"，促进了人类的进步。

有时事情明明已经详细计划好，考虑周全了，已经确定了，有些人仍然"前怕狼，后怕虎"，不敢行动，他们左右思量，不能决断。最后，他们脑子里的念头越来越多，对自己也越来越没有信心，最终精力耗散，陷入完全失败的境地。

一个渴望成功的人，一定要有一种坚决的意志，一定不可染上优柔寡断、迟疑不决的恶习。在工作之前，必须要确定自己已经决定接受这份工作，即便遇到一些困难与阻力，即使出现一些错误，也不要有怀疑的念头，不能撒腿就走。我们在处理某件事情时，事前应该仔细地分析思考，对事情本身和环境作一个正确的判断，然后再做出决定；而一旦做出了决定，就不能再对这个决定有任何怀疑和顾虑，也不要管别人的说三道四，只要全力以赴去做就可以了。做事的过程中难免会出现一些错误，但不能因此心灰意冷，应该把困难当教训，把挫折当经验，要自信以后会很顺利，这样成功的希望就会更大。在做出决定后，如果还心存疑虑，还要反复思量，则无异于把自己推入泥泞不堪的沼泽中，最终只好在痛苦和懊恼中结束自己的一生。

有一个让人深思的故事：某地发生水灾，整个乡村都难逃厄运，村民们纷纷逃生。一位上帝的虔诚信徒爬到了屋顶，等待上帝的拯救。

不久，大水漫过屋顶，刚好有一只木舟经过，舟上的人要带那位信徒逃生。那位信徒胸有成竹地说："不用啦，上帝会救我的！"木舟就离他而去了。

片刻之间，河水已没过那位信徒的膝盖。

刚巧，有一艘汽艇经过，来拯救尚未逃生者。那位信徒还说："不必啦，上帝一定会救我的。"汽艇只好到别的地方救其他的人。

几分钟后，洪水高涨，已到了那位信徒的肩膀。这个时候，有架直升机放下软梯来拯救他。他死也不肯上飞机，说："别担心我啦，上帝会救我的！"直升机也只好离去。

水继续高涨，那位信徒最后被淹死了。

死后，他升上天堂，遇见了上帝。他大骂："平日我诚心祈祷您，您却见死不救。算我瞎了眼啦。"

上帝听后叫了起来："你还要我怎样？我已经给你派去了两条船和一架飞机！"

机会只敲一次门。成功者应该善于当机立断，抓住每次机会，充分施展才能。切记要正视自我的不足，纠正"优柔寡断"这块短板，抛弃那种迟疑不决、左右思量的不良习惯，只有这样才能最终获得成功，得到命运的垂青。

5. 智者充满热忱，愚者缺少激情

心理学家史蒂芬·柯维曾告诫我们：人们对待生活的心态是世界上最神奇的力量，带着热忱、激情和希望的积极心态投入到生活和工作中去，能将一个人提升到更高的境界；反之，带着失望、怨恨和悲观的消极心态，则能毁灭一个人。

智者对生活和工作充满了热忱，他们从不抱怨别人和自己生活、工作的环境，一旦选择了自己的事业，就会满怀激情地投入进去，用热情融化前进途中的困厄、障碍，他们是真正拥有世界、拥有快乐的人；愚者对生活和工作缺乏激情，他们没有自己真正喜欢的事业，往往是这山望着那山高，生活中稍遇挫折，便心灰意冷，工作中稍有不如意，便怨天尤人，等到多年后蓦然回首，却发现自己原来一事无成。

对生活和工作缺乏热忱和激情的人，他很容易被自己悲观的情绪所左右，使自己丧失信心，变得意志消沉。有时机会和财富就在他的身边触手可及，但是，由于受不良情绪的干扰，他也会让机会和财富从身边溜走。

一天，奥斯卡来到俄克拉荷马城的火车站，他准备乘火车往东边去。他在气温高达40多度的西部沙漠地区已经待了好几个月，因为他正在为一个公司勘探石油。

奥斯卡是麻省理工学院的毕业生。他把旧式探矿杖、电流计、磁力计、示波器、电子管和其他仪器结合，制成了勘探石油的新式仪器。

就在奥斯卡满怀信心、充满激情工作着的时候，他突然得知：他所在的公司因无力偿付债务而破产了。奥斯卡踏上了归途，他失业了，前景相当暗淡。他心中对工作的热忱和激情也一下子消失得一干二净。

由于奥斯卡必须在火车站等待几个小时，他就决定在那儿架起他的探矿仪器来消磨时间。仪器上的读数表明车站所在地下蕴藏有大量的石油。但奥斯卡不相信这一切，他在愤怒中踢毁了那些仪器。

"这里不可能有那么多石油！这里不可能有那么多石油！"他十分反感地反复叫着。

不久之后，人们就发现俄克拉荷马城地下有丰富的石油资源，甚至可以毫不夸张地说，这座城就"浮"在石油上。

由于失业的挫折，奥斯卡产生了悲观消极思想。即使他一直寻找的机会就躺在他的脚下，但是由于他缺乏激情，使他没有能够把握住机会。

对生活充满激情，是重要的成功原则之一。在你渴望成功的时候，你的热忱和激情会使你对自己更加充满自信。

抱着积极的思想，对生活充满激情，你就会不断地努力，直到你取得了你要寻找的财富。

没有热忱、缺乏激情的人，就是让他坐在金矿上他也看不见金子，因为他的心已经被一种悲观情绪给"俘虏"了。

热忱是一种自发的力量，它又是帮助你集中全身的力量去做某一事情的一种能源。它能使你在困难重重的时候毫不畏惧，同时激发出你的潜能，帮助你克服重重困难，创造出奇迹。

有两个人同时遥望夜空，一个看到的是沉沉的黑夜，而另一个人看到的却是闪烁的星斗，这就是缺乏激情者和满怀热忱者的区别。

对工作充满热忱的人，往往比那些缺乏激情的人有更多的机遇。

两位年轻人到一家公司求职。经理把第一位年轻人叫到办公室："你觉得你原来的公司怎么样？"

年轻人面色阴郁地答道："唉，那里糟透了。同事们尔虞我诈，钩心斗角；部门经理粗野蛮横，以势压人，整个公司暮气沉沉。生活在那里令人感到十分压抑，所以我想换个理想的地方。"

"我们这里恐怕不是你理想的乐土。"经理说，于是这位年轻人满面愁容地走了出去。

第二位年轻人也被问到这个问题。他答道："我们那儿挺好，同事们待人热情，乐于互助；经理们平易近人，关心下属；整个公司气氛融洽，在那里工作十分愉快。如果不是想发挥我的特长，我真不想离开那儿。"

"你被录取了。"经理笑吟吟地说。

愚者通常有一种悲观的解释事物的方式，即愚者在遇到挫折时，总会在心里对自己说："生命就这么无奈，努力也是徒然。"由于常常运用这种悲观的方式解释事物，他在无意之中就丧失了激情，而不思进取了。而智者则不同，不管对生活，还是对工作，以及对他人，他都充满着热忱之心，使自己有不断的动力，去战胜困难、创造奇迹，他总会对自己说："我行，故我胜。"

6. 见异思迁、急功近利者只会越过越不如意

急于求成、急功近利是人的本性。做事情总是求快，就会只顾追求速度，却忘记了质量。浮躁的人就有这样的缺点。他们希望成功，也渴望成功，但在自己心态的把握上，却显得比常人更为急躁。

很多浮躁的人不懂得如何为自己规划人生，最后，他们不但没有得到自己梦想中的成功，反而生活得更加不如意。

一个忙碌了半生的人，这样诉说自己的苦闷："我这一两年一直心神不定，老想出去闯荡一番，总觉得在我们那个破单位待着憋闷得慌。看着别人房子、车子、票子都有了，心里慌啊！以前也做过几笔买卖，都是赔多赚少；我去摸奖，一心想摸成个暴发户，可结果花几千元连个声响都没听着，就没有影了。后来又'跳'了几家单位，不是这个单位离家太远，就是那个单位专业不对口，再就是待遇不好，反正找个合适的工作太难啦！天天就像无头苍蝇一般，反正，我心里就是不踏实，闷得慌。"

还有一个故事也说明了这样的道理。

王军大学毕业后，几乎是每年换一种工作。先是在办公室当文秘，不久，他便觉得这项工作索然无味。工作一年后，他看到保健品市场很红火，就应聘到一家生物制药公司去当推销员。没干多久，保健品市场开始萧条。这时有位朋友拉他去一家营销策划公司，月薪还不错，他第二天就去报到上班了。这回又干了一年，收入虽然比以前多了些，但王军觉得离脱贫致富还有很大距离。

一次偶然的机会，王军碰上一位老同学。那位老同学开了一家小贸易公司，从南方往北方倒腾一些热门商品，"钱"景诱人，正需要帮手。王军毫不犹豫地又加盟到老同学的贸易公司。半年后，公司生意转淡，王军又去了一家广告公司。没过多久，满街都是拉广告的业务人员，他又去了报社当记者……

只要新的岗位能赚到比原来岗位更多的钱，王军都会欣然前往。这样折腾来折腾去，虽然他也赚到了一些小钱，生活得到了些许改善，可是每每静下心来，他却发现自己其实是一事无成。

看看昔日并肩战斗的同事，不少人都在他们原来的领域里打下了坚实的基础，甚至有些已经自己创业，成为行业里的名家了。而他自己，所得到的只不过是改善了伙食标准而已。据王军自己讲，他对每一种工作都没有多大兴趣，只是想赚钱而已。

生活中，就是常有这样的一些人，他们做事缺少恒心，见异思迁，急功近利，整天无所事事。面对急剧变化的社会，他们对自己的前途毫无信心，每天都心神不宁的样子。浮躁是一种情绪，一种并不可取的生活态度。人浮躁了，会终日处在又忙又烦的应急状态中，他的脾气会暴躁，神经会紧绷，长久下来，就会被生活的急流所挟裹。

有一个人得了很重的病，给他看病的医生对他说："你必须多吃人参，你的病才会好！"这个人听了医生的话，果然就去买了一支人参来吃，吃了一支后就不吃了。

后来医生见到这个病人，就问他："你的病好了吗？"病人说："你叫我吃人参，我吃了一支人参，就没有再吃了，可我的病怎么还没有好？"医生说："你吃了第一支人参，怎么不接着吃第二支呢？难道吃一支人参就指望把病治好吗？"

充满梦想，这是件好事情，但年轻人往往不懂得，梦想只有在脚踏实地的工作中才能得以实现。因此，面对复杂的社会，他们往往会产生浮躁的情绪。在浮躁情绪的影响下，他们常常抱怨自己的"文韬武略"无从施展，抱怨没有善于识才的伯乐。

这就好像故事中这个病人一样，他不明白治病需要循序渐进，需要坚持治疗。现在社会中的许多年轻人，他们不懂得坚持和忍耐，只想着一蹴而就。这样的人，自然是无法触摸到成功的臂膀的。

许多浮躁的人都曾经有过梦想，却始终无法实现，最后只剩下满腹的牢骚和抱怨，然而，他们却把这归因于缺少机会。实际上，生活和工作中到处充满着机会：学校中的每一堂课都是一个机会，每次考试都是生命中的一个机会，报纸中的每一篇文章都是一个机会，每个客户都是一个机会，每次训诫都是一个机会，每笔生意都是一个机会……这些机会教给我们好的教养，培养了我们勇敢的气质和高尚的品德，使我们能交到更多的朋友。

梁实秋先生是一个以优雅著称的学者，他优雅的话语、优雅的文章总能让人心情宁静。有人说梁实秋先生的文章是一杯"清心茶"，能荡涤人心中的浮躁。而现实中的梁实秋先生，也是主张做人应该踏实而最忌浮躁的。

抗日战争时期，梁实秋滞留在四川成都，当时他所居住的地方，可以说与一座"牢狱"没有多大差别，然而他却将其住所取名为"雅舍"，且一住就是七年。豁达的心胸和踏实的生活态度，在梁实秋先生看来，这是为自己"减刑"的方法。

正是在这样的环境中，梁实秋先生除了完成中小学战时教材编写任务外，还创作了《雅舍》等十几篇小品文，翻译了莎士比亚的《亨利四世》等多部外国作品。

在为小品文《雅舍》作序时，梁实秋先生说："我非显要，故名公巨卿之照片不得入我室；我非牙医，故无博士文凭张挂壁间；我不业理发，故丝织西湖十景以及电影明星之照片亦均不能张我四壁。"

这些话表达了梁实秋先生对社会各色人等自我炫耀和浮躁之陋习的讥讽，亦有他对自我个性的张扬：我自有我的生活方式，我的人生趣味，对他人概不艳美,亦不模仿。正是这种踏实而不浮躁的生活态度,让困境里的梁实秋先生也能感受到生活的乐趣。

只有扼制住浮躁的心态,专心做事,才能达到自己的目标。对不浮躁的人来说,他往往具有这样的品质——不管做任何事情,不坚持到最后一分钟,他是不甘心失败的。这样的人身上所具备的品质便是冷静。

要成为一个成功的人,就应该记住:你可以着急,但切不可浮躁。

成功之路,艰辛漫长而又曲折,只有稳步前进,才能坚持到终点,赢得成功;如果一开始就浮躁,那么,你最多只能走一半的路程,然后就会累倒在地。事情往往就是这样,你越着急,就越不会成功。因为着急会使你失去清醒的头脑,结果在你奋斗的过程中,浮躁占据着你的思维,使你不能正确地制定方针、策略以稳步前进。

当你克服了浮躁,你才会"吃"得成功路上的苦,才会有耐心与毅力一步一个脚印地向前迈进,才不会因各种诱惑而迷失方向,盲目地让自己奔向一个超出自己能力范围的目标。你会踏踏实实地去做自己能做的事情,直至成功。

现代社会快节奏的生活和巨大的压力容易使人心境失衡。如果患得患失,不能以宁静的心灵面对无穷无尽的诱惑,就会感到心力交瘁或迷惘躁动。很多时候,我们的内心都为外物所遮蔽、掩饰,浮躁的心绪占领了我们的整颗心,因此使我们在人生中留下许多遗憾。

想要改变浮躁性格,可以从以下几个方面来做:

(1)在实践中锻炼耐心。耐心都是锻炼出来的,缺乏耐心也就等于自动丢掉了成功的机会。在生活中,多多锻炼自己的耐心,做每一件事时,都要学会安下心来,不要总是想着结果如何,要把精力放在如何做好这件事上。

(2)多看有积极意义的电影或书籍。这既能让你放松心情,帮你调节生活节奏,同时也能为你带来更强大的生命动力,让你拥有更多的生活热情。

(3)遇到急事先冷静。焦急的情绪并不能帮你解决任何问题,只有思考才行。思考一下如何做才能最大限度地降低损失,怎么样处理才能较合理地解燃眉之急，然后马上去行动。

(4)学会循序渐进地做事。凡事不可贪大，成功要一步一步来。做事前首先要安下心来，为自己树立起框架，然后从最微小的部分做起，循序渐进，逐渐完成。

7. 心胸狭窄不容他人，他人也必不容你

要想自己的人生之路一路平坦，你必须是一个有涵养的人，同时也要有足够的肚量。心胸狭窄不容他人，他人也必不容你。

处变而不惊，以不变应万变，以宽容对狭隘，以礼貌谦恭对冷嘲热讽，不将心思牵绊于一事一物，不将一丝哀怨气恼挂在心头，这是一个成功者理应具备的容人雅量。渴望成功的人一定要克服心胸狭窄这块短板。

人生在世，免不了要和别人相处，由于每个人的文化水平、性格爱好等都不同，相处久了，难免会发生磕磕碰碰或矛盾冲突，严重的甚至就会产生仇恨的心理，导致兄弟反目、婆媳不和、同事争执等。其实，有些矛盾只是些小矛盾，只要有一方豁达一些、大度一些，该宽容的宽容，该忘记的忘记，问题就会迎刃而解，就会化干戈为玉帛。

然而，现实中，总有那么一些人，他们心胸狭隘，小肚鸡肠，处世时总是持"宁可我负人，不可人负我"的态度，对别人的不是总会斤斤计较、毫发必争，最终弄得小事化大，使矛盾进一步恶化。

从前，有一个穷秀才在集市上卖字画。有一天，他看见不远处前呼后拥地走来一位富家少爷。秀才知道这位富家少爷的父亲在年轻时曾经欺辱、迫害过自己的父亲，自己的父亲也因此忧郁而死。

秀才的心底不由得涌起一阵仇恨的情绪——虽然这位少爷并不了解这一切。

这位少爷被秀才的一幅花鸟画深深吸引住了，他在画前流连忘返，不愿离去，想要买这幅画。秀才却将画收卷了起来，并声称不卖给他。这位少爷是位痴情任性的人，对那幅画始终难以割舍，不能忘怀。从此以后，他便因为这幅画"求而不得"而得了心病，日渐憔悴。

最后，这位少爷的父亲出面了，表示愿意为这幅画付一笔高价。可是秀才宁愿把画挂在他家堂屋的墙上，也不愿意卖给他。秀才阴沉着脸坐在画前，自言自语地说："这就是我的报复，父债子偿。"少爷的父亲没有买到画，失望地回去了。没过几天，那位少爷就死了。

可是秀才却没有得到报复后的快感，他连日梦见那位少爷天真的笑脸，这使他的良心受到了谴责，终日痛苦不已。有一天，他应人要求画一幅佛像。可是，他画着画着，就觉得这佛像与自己以往画的佛像有很大的差异，这使他苦恼不已。他费尽心思找原因，突然惊恐地丢下手中的画笔，跳了起来——他刚画好的佛像的眼睛，竟然是他心中仇人的眼睛，连嘴唇也是那么相似。他把画撕碎，高喊道："我的报复又回报到我的头上来了！"

生活就是这样，面对别人的伤害，若一定要"以其人之道还治其人之身"，最后的结果与其说是报复了自己的敌人，不如说是更深地伤害了自己。

因此，不要对别人的伤害耿耿于怀。用别人犯下的错来惩罚自己，使自己痛苦，实在是太不明智了。

"当你伸出一根手指去指责别人时，余下的四根手指恰恰是对着自己的。"宽容的父母常用这句话教育他们的孩子。

圣人说："怀着爱心吃蔬菜，也要比怀着怨恨吃牛肉好得多。"

有个青年，总是愤世嫉俗，因此他在学习、生活、工作中遭遇了许多误解和挫折。由于得不到别人的理解，他渐渐地养成了以戒备和仇恨的心态看待他人的习惯，总是对别人的小错误斤斤计较，仇恨那些不理解自己的人，结果他的人际关系变得越来越紧张。在压抑郁闷的环境中，他感觉整个世界都在排斥他，因此他度日如年，几乎要崩溃。

有一天,青年出门散心,登上了一座景色宜人的大山。坐在山上,他无心欣赏优雅的风景,想着自己这些年的遭遇,他内心的仇恨像开闸的洪水一样涌来。他忍不住大声对着空荡幽深的山谷喊:"我恨你们!我恨你们!我恨你们!"话一出口,山谷里传来了同样的回音:"我恨你们!我恨你们!我恨你们!"他越听越不是滋味,于是又提高了喊叫的声音。他骂得越厉害,回音就越大越长,扰得他更加恼怒。

就在青年再次大声叫骂后,身后传来了"我爱你们!我爱你们!我爱你们"的声音。他扭头一看,只见不远处的寺庙里,一方丈正冲着他喊。

片刻后,方丈微笑着向他走来,笑着说:"倘若世界是一堵墙,那么爱就是世界的回音壁。就像刚才我们的回音,你以什么样的心态说话,它就会以什么样的语气给你回音。爱出者爱返,福往者福来。为人处世,许多烦恼都是因为对别人斤斤计较、对别人怀恨在心而产生的。你热爱别人,别人也会给你爱;你去帮助别人,别人也会帮助你。世界是互动的,你给世界几分爱,世界就会回你几分爱。爱给人的收获远远大于恨带来的暂时的满足。"

听了方丈的话,青年愉快地下了山。回去后,青年开始以积极、健康、友爱的心态对待身边的一切。他和同事之间的误解没有了,没有人和他过不去了,他的工作比以往顺利了,他自己也比以前快乐多了。

生活中没有永远的仇人,只要心中的怨恨消失了,仇人也能变成朋友。如果我们的仇人了解到我们对他的怨恨使我们自身精疲力竭,使我们疲倦而紧张不安,甚至使我们折寿的时候,他们不是会拍手称快吗?那么,我们为什么要用仇人的错误来惩罚自己呢?

就算我们不能爱那些仇人,至少要做到爱自己。我们要使那些仇人不能控制我们的快乐、健康和外表。就如莎士比亚所说:"不要由于你的敌人而燃起一把怒火,让心中的烈焰烧伤自己。"

所以,不要浪费时间去做那些毫无意义的报复,不要让自己的心因为报复更加痛苦。

美国第三任总统杰斐逊与第二任总统亚当斯从交恶到宽恕的过程,就是一个生动的例子。

杰斐逊在就任前夕，到白宫去想告诉亚当斯说，他希望针锋相对的竞选活动并没有破坏到他们之间的友谊。但据说杰斐逊还没开口，亚当斯便咆哮了起来："是你把我赶走的！是你把我赶走的！"从此，两人便没有交谈达数年之久。直到后来杰斐逊的几个邻居去探访亚当斯，这个坚强的老人仍在诉说那件难堪的事，但接着冲口说出："我一直都喜欢杰斐逊，现在仍然喜欢他。"邻居把这话传给了杰斐逊。杰斐逊便请了一个彼此皆熟悉的朋友传话，让亚当斯也知道了他的深重友情。后来，亚当斯回了一封信给杰斐逊，两人从此开始了美国历史上最伟大的书信往来。

退一步海阔天空，忍一时风平浪静。对别人的过失，必要的指责无可厚非，但不能一直抓着不放，要以博大的胸怀去宽容别人。安德鲁·马修斯在《宽容之心》中说过这样一句启人心智的话："一只脚踩扁了紫罗兰，它却把香味留在了脚跟上，这就是宽容。"富兰克林说："对所受到的伤害，宽容比复仇更有用得多。"以宽容之心度他人之过，世界会变得更加精彩。

无论是成功者，还是一般人，任何人都喜欢心胸开阔、能容人的人。容人是一种美德，也可以体现一个人的思想修养。你能容人，别人才能容你，这是生活的辩证法则。所以，如若你心胸狭窄，足以令你失掉所有人际关系，让你独身一人走在黑暗的路上。

俗话说："将军额上能跑马，宰相肚里能撑船。"这是容人的最高境界。

那么，所谓的容人究竟"容"什么？

(1)容人之长。人各有所长，取人之长，补己之短，才能相互促进，事业才能共同发展。刘邦在总结自己成功经验时，讲过一段发人深省的话："运筹帷幄之中，决胜于千里之外，吾不如子房；安国家，抚百姓，给馈银，不绝粮道，吾不如萧何；统百万之军，战必胜，攻必取，吾不如韩信。此三者，皆人杰也。吾能用之，所以取天下也！"善于用人之长，首先是容人之长。"萧何月下追韩信"、"徐庶走马荐诸葛"，这些容人之长的典故早已成为千古美谈。相反，有的人却十分嫉妒别人的长处，生怕同事和部属超过自己，而想方设法进行压制。其实这种做法是很愚蠢的，也是人性中最可笑的一块短板。你不容他人的长处，他人又岂能助你成功？

(2)容人之短。金无足赤，人无完人。一般来看，越是在某一方面有突出才能的人，往往在另一个方面的缺点也越明显，正所谓"有高山，始有低谷。"人的短处是客观存在的，容不得别人的短处，势必难以成事，而"心胸狭窄"这一短板只会使得你只能盯着他人的弱点。"鲍管分金"的故事就很耐人寻味。春秋时期，鲍叔牙与管仲合伙做生意，鲍叔牙本钱出得多，管仲出得少，但在分配时却总是管仲多要，鲍叔牙少要。鲍叔牙并没有觉得管仲贪财，而是认为管仲家里穷，多分点没关系。后来鲍叔牙还把管仲推荐给齐桓公，辅佐齐桓公成就霸业，管仲也因此成为著名的政治家。

(3)容人个性。由于人们的社会出身、经历、文化程度和思想修养各不相同，所以人的性格各异。因此容人，从根本上来说，就是能够接纳各种不同个性的人。这不仅是一种道德修养，也是一门领导艺术。心胸狭窄的人总喜欢以自己的个性、标准去衡量他人，忽视自己的短板，却凭空将别人的不足放大。只有你具有容人的个性，你才能团结各种不同个性的人共同协调工作，从而充分发挥每个人的主动性、积极性和创造性，推动自己的事业不断发展壮大。

(4)容人之过。"人非圣贤，孰能无过"，只要我们宽容他人的过错，激励他人改过自新，他人便会迸发出无限的创造力，从而一心一意为企业，为社会努力拼搏，做出自己的贡献。心胸狭窄的人，他们从不自省，却一味盯着他人的过错不放手。在为人处世中，这无疑是块致命短板，没有人愿意与这样的人共事。

(5)容人之功。别人有功劳，应该替别人感到高兴，千万别害怕他人的功劳大了对自己构成威胁。我们应正确理解所谓的"功高盖主"。作为一个明智的人应该知道，一个有功之人，他对企业、社会做出了贡献，那是大家的光荣。要努力地去修正自己心里不平衡的短板，这样，你才能被他人认可，也才能真正地发挥出自己应有的实力。

(6)容己之仇。这是容人的极致，是一种高尚的品德。齐桓公不计管仲一箭之仇，任用管仲为大夫帮助管理国政，从而成就霸业；魏征曾劝李建成早日杀掉秦王李世民，后来李世民发动"玄武门之变"当了皇帝，他不计前嫌，重用魏征。魏征为李世民贡献了不少治国安邦的良策，从而出现了"贞观之治"的盛况。如果这些"霸主"都是心胸狭窄之辈，那些身负聪明才智的谋士们恐怕就活不了多久了。

我们要超越古人，做一个能容人、识人、用人的富有远见卓识和高素质的现代人，要克制、修正人生短板，不断开拓新的事业领域，创造出更大的辉煌。

8. 懒惰比操劳更消耗人的身心

懒，是人类的特性之一。有些人"琴棋书画不会，洗衣做饭嫌累"，更有甚者自诩：不要跟我比懒，我懒得和你比。人总是希望不付出或少付出劳动，但又能过上舒适的生活。懒惰在生活中表现为不求上进、意志消沉、安于现状、心态消极。很多青年朋友就沾上了懒惰的习性，他们学习没目标、不主动，糊涂混日，得过且过。人生的许多理想、目标、规划、希望、追求，因为懒惰而变得遥遥无期，无法实现。

在这个社会上，不论什么人，要想做成一件事，都必须抗击来自人性中懒惰的缺点，使外界的逼迫变为内心的自觉。

这是因为大多数的人都喜欢那种舒适的感觉，能站着拿到东西绝对不会跳起来拿，能坐着拿到东西绝对不会站起来拿，能躺着拿到东西绝对不会坐起来拿。舒适又是个极坏的东西，它是滋生懒惰的温床，腐朽、堕落等现象大多因舒适而衍生。

懒惰会使人的机体素质下降。由于较少活动，身体得不到锻炼，人体的免疫功能下降，患病概率将会增加。另外，由于体力消耗较少，身体会逐渐发胖，患高血压、动脉粥样硬化、冠心病等疾病的机会也会增加。总之，懒惰会危害人的躯体健康。

从心理健康的角度来说，懒惰使人懒于思考，使大脑思维活动的主动性、灵活性下降，长期如此，还可能导致人的智能下降。而且，懒惰的人常缺乏精神支柱，他们不明白人生的真谛，不能实现自我价值，难以获得学业或事业成功的愉快体验。

从社会适应的角度来说，懒惰使人不愿付出，他们只想得到。他们平日游手好闲，常受到亲朋好友的指责，且得不到周围人的认可，因而产生人际交往障碍。懒惰的人还常因不愿担负社会责任而受到纪律处罚或舆论批评，存在许多社会适应问题。

懒惰带来的不利影响是巨大的。谁都会带有或多或少的惰性，要想战胜你的懒惰，勤劳是唯一的方法。

一个铁匠用同一块铁打了两把锄头，摆在地摊上卖。农人买走了其中的一把锄头，马上就下地使用起来；而另外一把锄头，被一个商人买到，因为无用，被闲放在商人的店里。

半年以后，两把锄头偶然碰到一起。原本质地、光泽、锻造方式都相同的两把锄头现在大不相同。农人手里的锄头，好像银子似的锃光闪亮，甚至比刚打好时更光亮；而那把一直被商人放在店里的锄头，却变得暗淡无光，上面布满了铁锈。

"我们以前都是一样的，为什么半年之后，你变得如此光亮，而我成了这个样子了呢？"那把生满锈迹的锄头问它的老朋友。"原因很简单啊，这是因为农人一直使用我劳动。"那把光亮的锄头回答说，"你现在生了锈，变得不如以前，是因为你老侧身躺在那儿，什么活儿也不干！"生锈的锄头听后，沉默了，它无言以对。

故事中的两把锄头本来条件一样，一把锄头因为到了勤劳的农人手里，每天跟着农人一起劳动，所以变得比刚打好时还光亮有力，而另一把锄头因为一直闲在商人店里无所事事，所以变得暗淡无光，并且布满了铁锈。

由此可见,勤奋和懒惰所带来的结果是多么的悬殊。

从这个故事中我们不难明白这样一个道理:刀越磨越锋利,锄头越用越光亮,人越学越聪明。勤奋和懒惰都是一种习惯,只不过勤奋的习惯使人走向光明,懒惰的习惯使人走向越来越深的黑暗。

比尔·盖茨说:"懒惰、好逸恶劳乃是万恶之源,懒惰会吞噬一个人的心灵,就像灰尘可以使铁生锈一样,懒惰可以轻而易举地毁掉一个人,乃至一个民族。"

所以,我们应该用勤奋筑一道"防护堤",阻挡懒惰的靠近。

美国著名作家杰克·伦敦在19岁以前,还从来没有进过中学。但他非常勤奋,通过不懈的努力,使自己从一个小混混成为了一代文学巨匠。

杰克·伦敦的童年生活充满了贫困与艰难,他每天像发了疯一样跟着一群恶棍在旧金山海湾附近游荡。说起学业,他不屑一顾,并把大部分的时间都花在偷盗等勾当上。有一天,他漫不经心地走进一家公共图书馆内,开始读起名著《鲁滨逊漂流记》,他看得如痴如醉,并受到了深深的感动。在看这本书时,饥肠辘辘的他,竟然舍不得中途停下来回家吃饭。第二天,他又跑到图书馆去看别的名著,另一个新的世界展现在他的面前——一个如同《天方夜谭》中"巴格达"一样奇异美妙的世界。从这以后,一种酷爱读书的情绪便不可抑制地左右了他。一天中,他读书的时间达到了10~15小时,从荷马到莎士比亚,从赫伯特·斯基到马克思等人的所有著作,他都如饥似渴地读着。19岁时,他决定停止以前靠体力劳动吃饭的生涯,改成以脑力谋生。他厌倦了流浪的生活,他不愿再挨警察无情的拳头,他也不甘心让铁路工头用灯按自己的脑袋。

于是,就在杰克·伦敦19岁时,他进入加利福尼亚州的奥克德中学。他不分昼夜地用功读书,从来就没有好好地睡过一觉。天道酬勤,他也因此有了显著的进步,他只用了三个月的时间就把四年的课程念完了,通过考试后,他进入了加州大学。

杰克·伦敦渴望成为一名伟大的作家,在这一雄心的驱使下,他一遍又一遍地读《金银岛》、《基度山恩仇记》、《双城记》等书，之后就拼命地写作。他每天写5000字，这也就是说，他可以用20天的时间完成一部长篇小说。他有时会一口气给编辑们寄出30篇小说，但它们统统被退了回来。

后来，他写了一篇名为《海岸外的飓风》的小说，这篇小说获得了《旧金山呼声》杂志所举办的征文比赛头奖，但他只得到了20美元的稿费。五年后的1903年，他有6部长篇以及125篇短篇小说问世。他成了美国文艺界最为知名的人物之一。

一个人的成就和他的勤奋程度永远是成正比的。懒惰者是不能成大事的。因为懒惰的人总是贪图安逸，遇到一点儿风险就吓破了胆，另外，他们还缺乏吃苦实干的精神，总存有侥幸心理。而成大事之人，他们更相信"勤奋是金"。不经历风雨，怎么见彩虹？一个人怎能随随便便成功。

所以在被懒惰摧毁之前，你要先学会摧毁懒惰。从现在开始，摆脱懒惰的纠缠，不能有片刻的松懈。

那么怎样才能培养勤奋的习惯，战胜懒惰的心理呢？

以下是几种克服懒惰的好方法，不妨试一试。

(1)保持一颗进取心。进取心是一种永不停息的自我推动力，它会使我们的人生更加崇高。拥有进取心之后，那些不良的恶习就没有了滋生的环境和土壤，久而久之，懒惰的习性就会被逐渐消灭。

(2)学会肯定自我，勇敢地把不足变成勤奋的动力。学习、劳动时都要全身心投入，争取最满意的结果。无论结果如何，都要看到自己努力的一面。如果改变方法还是不能很好地完成，说明或是技术不熟，或是还需完善其中某方面的学习。扎实的学习最终会让你成功的。

(3)规律生活。生命活动是有规律进行的，一个人的起居有常、三餐适时、劳逸适度是身体健康的保证。懒散之人往往散漫成性，其生活杂乱无章，睡无时、食无量，身体各系统的功能活动很难与环境相适应，时间久了，身体健康指数就会下降。

(4)使用日程安排表。这个日程表可以帮你把所有事项很有条理地记录在一个地方，并时时提醒你抓紧行动。许多成功人士均有这种日程安排表，如"富兰克林的计划簿"。

（5）在住宅之外的地方学习。人的行为在住宅内外是有很大差异的。家，一般是休息之所，故人在家里很容易松懈。而在家之外的地方，特别是在图书馆等有学习氛围的地方，我们则会紧张起来。此外，有些人养成了一些懒惰的恶习，如躺在床上看"闲书"等，若离开了家，就铲除了这些恶习赖以存在的土壤。还有，家里供你消遣的东西太多，电视、电脑、电话、食物，这些东西都是能诱使你分心的"潘多拉魔盒"。离开了家，就离开了这些诱惑。

（6）睁眼即起，尽早开始学习。懒惰的主要表现是赖床，即觉醒后不及时起床。克服懒惰，首先要克服赖床行为，做到睁眼即起。史学家司马光为了克服赖床这个毛病，自制了一个圆形物体做枕头。他只要一觉醒来，身体一动弹，"枕头"就会滚动开来，他就能做到及时起床了。别人将他的奇特枕头叫作"警枕"。司马光每天写作到深夜，五更起来又接着干，成书后，仅残稿就堆了两间屋子。

做任何事情都是有惯性的。一件事情，只要开了头，后边就不好再停顿下来了。因此，决定下来的事情，就要迅速去做。

9. 懦弱是阻碍你前进的"麻醉药"

在困难面前表现出懦弱的人是不会获得成功的。懦弱者常常害怕机遇，因为他们不习惯迎接挑战。他们从机遇中看到的是忧患，而在真正的忧患中，他们又看不到机遇。

西方有句名言说：失败的人不一定懦弱，而懦弱的人却常常失败。

狮王年老体衰后，决定尽快选出一名继承人。

一天，狮王把三个儿子叫到跟前说："在我眼里，你们三兄弟是一样聪明、善良的，谁都可以继承我的王位，但王位只能传给你们其中一人，所以，我决定让你们通过竞赛的方式，来公平竞争王位，胜者才能为王。"

三个儿子都同意了狮王的决定。

第二天，狮王在一帮大臣的簇拥下，带着三个儿子来到一处悬崖边，说："我的王冠就放在这处悬崖的下边，你们谁敢从这里跳下去，王冠就属于谁了。"

三个儿子惊呆了，因为它们从小就接受过父王这样的训诫："你们千万不要到悬崖边去玩耍，万一不小心掉下去，肯定会摔得粉身碎骨！"

"父王，能否换个比赛的方式？这样跳下去，说不定你会失去所有的儿子。"狮王的大儿子跪在地上，满头大汗，战战兢兢地说。

"放肆！"狮王有几分恼怒了。

"父王，我自愿放弃王位，不参加这次比赛了。"二儿子说完，瘫倒在地上。

"唉！"狮王看着地上的两个儿子，禁不住失望地长叹一声。

"父王，我愿意跳下去。"三儿子说完，朝狮王跪拜了三下，便纵身跃下深不见底的悬崖。一天后，狮王的小儿子手捧王冠回到了王宫。原来，悬崖的下面，狮王早已命人垫上了一层厚厚的干草，它此举只是为了试试儿子们的胆量而已。

人都有其懦弱的一面，但关键的是，聪明的人能够战胜内心深处的懦弱，获得向上的精神动力。勇敢是每一个人都需要的品质。在困境面前，能够克服自己的懦弱，勇敢地迎接挑战，才能获得命运的青睐。

懦弱不但会让人失去机会，还有可能让人失去生命。懦弱的人惧怕压力，他们不善于坚持，对命运屈服。但事实上，只要将懦弱这种"麻醉药"抛去，生活依然很美好。巴顿将军说过："要无畏、无畏、无畏。记住，从现在起直至胜利或牺牲，我们要永远无畏。"要获得成功，少不了胆量，也少不了勇气。一个永不丧失勇气的人，是永远不会被打败的，因为他坚信风雨过后就是彩虹。

测一测：你是一个性格懦弱的人吗？

(1)你是否有勇气做排雷专家的工作？

(2)你是否曾经爬上你们家的房顶？

(3)你敢抚摸小白鼠吗？

(4)你愿意骑大象吗？

(5)你是否愿意参加电视知识竞赛？

(6)你是否愿意成为一名探险家？

(7)你愿意去远征狩猎吗？

(8)如果你看见了行凶抢劫，你是否会追赶罪犯？

(9)你是否会面对一大群人作演讲？

(10)你愿意在传说"闹鬼"的房子里睡觉吗？

(11)你是否有勇气成为深海潜水员？

(12)在堵车时，你是否会与其他司机争辩？

(13)你敢在野外的丛林中散步吗？

(14)你是否曾经爬上很高的树？

(15)你曾经骑过"飞车"吗？

(16)你是否愿意在夜晚看电视中的恐怖电影？

(17)你愿意骑马吗？

(18)你是否愿意在夜晚独自外出？

(19)你愿意在露天公园里坐过山车吗？

(20)你是否愿意养一只凶猛的狗？

(21)你是否愿意试演一次话剧？

评分标准

每回答一个"是"得2分，每回答一个"我不知道"得1分，每回答一个"不是"得0分，最后计算总分。

测试结果

低于14分：你的性格比较懦弱，不喜欢冒险，不愿尝试有风险的事情。但是，有些时候，你不应当局限于自己的信念，而应当鼓励自己不时地参加一些有一定风险的行动。对你而言，这可能有难度。可是，有的时候仅仅为了好玩而去做一些事情，可以丰富你的人生经历，而且无须牵涉到太多的风险，当然也不会危及你的生命和人身安全。

15~28分：你是个小心谨慎的人，但基本上无所畏惧。一般情况下，你喜欢安逸的生活，不需要太多的麻烦。但是如果现实需要，你也会勇敢地站出来。尽管你并不厌恶偶尔参与一些冒险，但通常会比较有节制，而且事先会仔细权衡利弊。

29~42分：你拥有非常强健的神经，有时你需要适当地约束一下自己，因为你经常可能会将警惕抛诸脑后。你很可能会在危急时刻显身手，而且会是一位出色的搭档——他人身边优秀的合作伙伴。不会有人批评你的生活枯燥无聊，而且会有很多人羡慕你的勇气和生活方式。这当然是好事，但是你一定要记住一句古老的谚语："三思而后行。"

10. 责任永远不能推卸，也永远推卸不掉

当今社会，处处都为人们提供了发展自己事业的机遇。不过，受社会潮流的影响，不少人身上都滋生出了自由懒散、不受约束、不负责任的坏习惯。在这些人看来，这样一个时代，谋求自我实现、自我发展、自己创业当老板才是一件很正常的事情。然而，他们却忘了，只有拥有责任感，才能实现自己的价值，也唯有具备勇于负责精神的人，才会受到他人的器重与提拔。

从前有个国王叫狄奥尼西奥斯，他统治着西西里最富庶的城市西提库斯。他住在一座美丽的宫殿里，里面有无数价值连城的宝贝，一大群侍从恭候两旁，随时等候吩咐。

狄奥尼西奥斯拥有如此多的财富、如此大的权力，自然很多人都羡慕他的好运。达摩克利斯就是其中之一，他可以说是狄奥尼西奥斯最好的朋

友。达摩克利斯常对狄奥尼西奥斯说："你多幸运呀，你拥有人们想要的一切，你一定是世界上最幸福的人。"

而狄奥尼西奥斯却听厌了这样的话，有一天，他问达摩克利斯："你真的认为我比其他人都要幸福吗？"

"当然是的，"达摩克利斯回答道，"看你，拥有巨大的财富，握有巨大的权力，你根本一点烦恼都没有。还有什么比这更幸福的呢？"

"或许你愿意跟我换换位置试试看吧。"狄奥尼西奥斯说。

"噢，我从没想过。"达摩克利斯说，"但是只要有一天让我拥有你的财富和幸福，我就别无他求了。"

"好吧，我就跟你换一天，也许到时候你就知道了。"

就这样，达摩克利斯被领到了王宫。所有的仆人都被引见到达摩克利斯跟前，听他使唤。仆人们给达摩克利斯穿上皇袍，戴上金制的王冠。达摩克利斯坐在宴会厅的桌边，桌上摆满了美味佳肴，美酒、鲜花、昂贵的香水、动人的乐曲，一切应有尽有。他坐在松软的垫子上，感到自己成了世上最幸福的人。

"噢，这才是生活。"达摩克利斯对着坐在桌子那边的狄奥尼西奥斯感叹道，"我从来没有这么高兴过。"

达摩克利斯举起酒杯的时候，抬眼望了一下天花板。头上悬挂的是什么东西？尖端几乎要触到自己的头了！达摩克利斯的身体突然间僵住了，笑容也从唇边慢慢地消逝，他脸色变得煞白，双手一直在颤抖。他不想再吃，也不想再喝，更不想听音乐了。他只想尽快地逃出王宫，越远越好，随便哪儿都行。原来，他头顶正悬着一把利剑，仅用一根马鬃系着，锋利的剑尖正对准他的双眉之间。他想跳起来跑掉，可还是忍住了，他怕突然一动，会扯断细线，使剑掉落下来。他只好僵硬地坐在椅子上，一动不动。

"怎么啦，朋友？"狄奥尼西奥斯问，"你这会儿好像没胃口了？"

"那把剑！剑！"达摩克利斯小声说，"难道你没看见吗？"

"我当然看见了，"狄奥尼西奥斯说，"我天天都看得见，因为它一直悬在我的头上，说不定什么时候，什么人或事就会斩断那根细线。也许是哪个大臣垂涎我的权力,欲将我杀死,抑或有人散布谣言让百姓反对我,或者是邻国的国王会派兵来夺取我的王位,又或者是我的决策失误使我退位,等等。如果你想做统治者,就必须做到自己应尽的责任,因为责任与权力同在,这你应该知道的。"

"是的,我知道了。"达摩克利斯说,"我现在终于明白我错了。除了财富、荣誉,你还有很多忧虑。请回到你的宝座上来吧,让我回到我自己的家。"

从此,在达摩克利斯的有生之年,他非常珍惜自己的生活。他再也不想与国王换位了,哪怕是短暂的一刻钟。

这虽然是一个很古老的故事,但是它却很好地提醒了我们:如果我们渴望享受成功的快乐,那就必须做好准备,承担随之而来的责任。因为,并不是每一个人都敢于承担自己应尽的责任的,任何人都有胆怯的时候。但是,请不要忘记,那是上天赋予你的使命,是你的权利,更是你的义务。

就像学生以学习为己任,军人以服从命令为天职一样。每件事情的发生,都有其发生的原因、经过及其结果。责任永远不能推卸,也永远推卸不掉。所有成功的人,都有一个共同的品质——责任感。责任感可以说是一个人品格和能力的承载,是一个人走向成功必不可少的素养。聪明、才智、学识、机缘等,固然是促成一个人成功的必要因素,但是只要缺乏了责任感,仍是难以成功的。

《阿甘正传》这部电影里面,阿甘所在的连队在搜查中发现了一个山洞,里面极有可能潜藏着敌人,当连长问谁敢冲在前面到洞中搜查的时候,所有的人都犹豫了,因为他们都知道里面的风险巨大。只有阿甘在大家都静悄悄不敢应答的时候,接受了连长的命令,率先冲进洞中,因而消灭了敌人、立了大功,并得到了上级的嘉奖。那些聪明的战友们,看起来是很"聪明"地避开了危险,并早早平淡地退了役。阿甘则总是"笨笨"地执行那些别人不愿执行的任务,结果却是自己的军衔一直在不断地上升。

很多人,包括阿甘直接的上司,都不太服气这个"幸运"的笨家伙:这种人怎么能成为将军呢？这是因为，他们都忘记了一个最简单的事实：只有敢于承担责任，而不是比他人更聪明——这才是晋升的依据。

美国著名管理学家玛丽·弗洛特说过这么一句话："责任是人类能力的伟大开发者。"这句话既真实又贴切，可以说是一语道破了责任的"天机"。

有位成功的企业家对"责任"进行的诠释是："责任即价值"。在他看来，责任与价值有着三层的具体含义：第一，只有承担责任，才有可能创造出价值。无论价值的大小，都是因为有人承担了责任才产生的。第二，承担责任，是对自身价值的一种证明。你承担的责任越大，表明你的价值越大，社会和企业就越是需要你。第三，责任是回报的前提。首先不是想自己能够得到什么，而应当想想自己应该承担什么责任。

第二章 >>>>>

学会选择，为你的人生增值

人生的道路是由一个个十字路口交错而成的，只有在每一个路口都做出自己正确的选择，你才能在自己绚丽的人生大道上走出一串串坚定的脚印，才能实现自己独特的人生价值。

1. 选择自信，让我们感受到自己的能力

只有自信与自尊，才能让我们感觉到自己的能力，其所起的作用是其他任何东西都无法替代的。

有自信的人，就有努力向上的斗志，这样的人具有一种独特的魅力。因为他相信自己，因此在周围的人看来，他也值得信赖。

自卑的人，不会得到别人的信任，当然别人也不会帮助他成功。自卑的人由于过分在意自己的软弱和缺点，没有努力向上的勇气，于是他失去了感受美好世界的机会，而永远把自己"囚禁"在自认安全的角落。

伟人都拥有超乎常人的自信心。英国著名诗人华兹华斯毫不怀疑自己在文学上的地位，也乐于向人谈论这一点，甚至他还预见到自己将来的名

声。凯撒大帝在一次海上航行时遭遇暴风雨，船长非常担心，这时凯撒说："担心什么？你是和凯撒在一起。"

"固然，谦逊是一种美德，人们越来越看重这种人格特质，"匈牙利民族解放运动的领袖科苏特说，"但我们也不应该轻视自信的价值，自信比任何个性都更能展现男人的气概。"英国历史学家弗劳德也说："一棵树如果要结出果实，必须先在土壤里扎根。同样，一个人首先需要学会依赖自己，尊重自己，不接受他人的施舍，不等待命运的馈赠。只有在这样的基础上，才可能有所成就。"

自卑是人生最大的跨栏，每个人都必须成功跨越后才能到达人生的顶峰。自卑常常在不经意间闯入我们的内心世界，它控制我们的生活，在我们要向前迈进的时候，拉住我们的衣角。只有自信，才可以释放我们的各种力量，让我们即使在挫折中，也不会怀疑自己。

俄国著名戏剧家斯坦尼夫斯基，有一次在排演一出话剧的时候，女主角突然因故不能演出了，斯坦尼夫斯基实在找不到人，只好叫他的大姐担任女主角这个角色。他的大姐以前只是一个服装道具管理员，现在突然出演主角，使她产生了一种自卑胆怯的心理，演得极差，引起了斯坦尼夫斯基的烦躁和不满。

一次，斯坦尼夫斯基突然停下排练，说："这场戏是全剧的关键，如果女主角仍然演得这样差劲儿，整个戏就不能再往下排了。"这时全场寂然，他的大姐久久没有说话。突然，他的大姐抬起头来说："排练！"一扫以前的自卑、羞怯和拘谨，他的大姐演得非常自信，非常真实。斯坦尼夫斯基高兴地说："我们又拥有了一位新的表演艺术家。"

这是一个发人深思的故事，为什么同一个人前后有天壤之别呢？这就是自卑与自信的差异。故事中，身为服装道具管理员的斯坦尼夫斯基的大姐并不知道自己有话剧表演的天赋，当她临时被指定为主角时，顿时产生了严重的自卑胆怯心理，使排练最初没有成功，但受斯坦尼夫斯基的话刺激之后,她顿时找到了自信,获得成功。

在你跨出第一步时,你就相信你会走;在你说出第一句话之前,你就相信你会说。因为你先相信自己能完成这件事情,所以你会去完成它。那么,让自信成为你灵魂里的一件普通"摆设"吧,你随时随地都会因为这件"摆设"而散发出亮丽的光彩。

麦克阿瑟将军在西点军校入学考试的前一晚,心情紧张极了。他母亲对他说:"如果你不紧张,你就会考取成功。你一定要相信自己,否则没人会相信你。要有自信,即使你没通过,但你知道自己已全力以赴了。"考试结束发榜后,麦克阿瑟名列第一。

当你相信自己能得到理想的成绩时,你不仅会充满自信,同时还会发现自信果真有助于你的表现。

乔·吉拉德——世界吉斯尼汽车销售冠军,是世界上最伟大的销售员,他连续12年荣登《吉斯尼世界纪录大全》"销售第一"的宝座。他所保持的世界汽车销售纪录——连续12年平均每天销售6辆车,至今无人能破。乔·吉拉德,因售出13000多辆汽车,创造了商品销售最高纪录,而被载入《吉尼斯世界纪录大全》。他曾经连续15年成为世界上售出新汽车最多的人,其中有6年平均每年售出汽车1300辆。

乔·吉拉德也是全球最受欢迎的演讲大师,曾为众多世界500强企业精英传授他的宝贵经验。来自世界各地数以百万的人们被他的演讲所感动,被他的事迹所激励。

35岁以前,乔·吉拉德是个全盘的失败者,他患有相当严重的口吃,换过40个工作仍一事无成,他甚至当过小偷,开过赌场。然而,谁能想象得到,像这样一个谁都不看好,而且是背了一身债务几乎走投无路的人,竟然能够在短短3年内爬上"世界第一",并被《吉尼斯世界纪录大全》称为"世界上最伟大的推销员"。

由此可以推断,如果你的出身比乔·吉拉德强,没有偷过东西,如果你不口吃，那你就没有理由不成功，除非你对自己没有信心，除非你真的没有努力过，奋斗过。

小泽征尔是世界著名的交响乐指挥家。在一次世界优秀指挥家大赛的决赛中，他按照评委会给的乐谱指挥演奏，突然敏锐地发现了不和谐的声音。起初，他以为是乐队演奏出了错误，就重新指挥演奏了一遍，但还是不对。他觉得是乐谱有问题。

这时，在场的作曲家和评委会的权威人士坚持说乐谱绝对没有问题，是他错了。面对一大批音乐大师和权威人士，小泽征尔思考再三，最后斩钉截铁地大声说："不！一定是乐谱错了！"话音刚落，评委席上的评委们立即站起来对他报以热烈的掌声，祝贺他大赛夺魁。

原来，这是评委们精心设计的"圈套"，以此来检验指挥家在发现乐谱错误并遭到权威人士"否定"的情况下，能否坚持自己的正确主张。前两位参加决赛的指挥家虽然也发现了错误，但终因随声附和权威们的意见而被淘汰。小泽征尔却因充满自信，而摘取了世界指挥家大赛的桂冠。

我们应该培养自己的自尊、自信，即便自己从事的是别人认为"卑贱"的工作，也要让自己的人格显得高贵，与各式各样的侮辱"绝缘"。

但是并非所有人都能够拥有自信的。很多人终其一生，都不知自信为何物，只能浑浑噩噩地度日。要做到自信，可以通过以下的途径：

（1）不随便否定别人的赞美。

听到别人的欣赏时，不采用否定的态度，如"这不算什么，只是运气好而已。""哪里是呢？某某人做得才真是好。""我不行的。"把这些话全都丢弃，而学会去接受别人的赞美，并大方地说声："谢谢你！"

（2）不随便接受别人的指责。

当有人指出你的不是或不同意你的做法时，避免"照单全收"——不要完全同意对方的看法。可以说："谢谢你，我会仔细反省一下。"要经过你自己的思考和过滤后，收下真正适合自己的批评，并做出修正。

有时别人的批评很沉重，甚至可能会是一个重大的打击，比如父母生气时说的话，"你真是没用，只叫你做这点小事，你也能把它搞糟。"又如朋友误会你的时候说，"我觉得你是个不负责任的人。"这些情绪化的话语，通常都是以偏概全，你也要学会选择性地接收。弄糟了一件事，当然不能全盘否定我们在其他事情上的做事能力。即使这一次未能按承诺把事情如期做完，也不能说明你这个人就是个不负责任的人。所以当听到这类批评时，你要练习看穿这些伤人的"假象"。

(3)学会给予自己肯定和欣赏。

当完成了一件任务，做好了一份艰难的功课，能够做到不理会电视的吸引而去温习功课，克服了温暖被窝的诱惑而早起上学，鼓起了勇气在课堂上向教授发问，在地铁里让座位给行动不便的人，陪身体不适的同事回家，提出的方案获得了主管赞赏等，每当这时都要记得给自己一份鼓励，对自己说："好！你做得好！"

2. 选择能引导你迈向顶端的信念，丢掉会让你踌躇不前的信念

哈佛大学最杰出的心理学教授威廉·詹姆斯曾说："几乎不论任何课程，只要你对它满怀热忱，你必定会为了它废寝忘食。倘使你对某项结果十分关心，你自然会获得成功。如果你想做好，你就会做好。若是你想学习，你就会去学习。"

信念不是自然生成的，而是我们从过去的经验中累积而学会的。信念是我们生命中活力的来源，指引着我们人生的方向，决定着我们人生的价值。

有这样一个故事：一个冷酷无情、嗜酒如命且毒瘾甚深的人，有好几次

差点把命都给丢了。一次，他因为看不顺眼酒吧里的一个服务员，而犯下杀人罪，被判终身监禁。他有两个儿子，年龄相差一岁，其中一个跟他老爸一样有很重的毒瘾，靠偷窃和勒索为生，后来也因犯了杀人罪而坐牢；另外一个儿子就不一样了，他是一家大企业分公司的经理，他的婚姻幸福美满，有三个可爱的孩子，他既不喝酒，更不吸毒。为什么有同一个父亲，在完全相同的环境下长大的两个儿子，却会有如此不同的命运呢？在分别的私下访谈中，有人问起造成两个儿子现状的原因，两人竟然说出了相同的答案："有这样的老子，我还能有什么办法？"不同的是，哥哥无奈地接受了现状，而弟弟则不甘心，努力改变现状。

我们经常会认为一个人的成就深受外界环境的影响，有什么样的环境，就有什么样的人生。这实在是荒谬极了。影响我们的人生态度的，绝不是环境，也不是机遇，而是要看我们对这个世界抱着什么样的心态。

有两位年届七十岁的老太太，因为她们对自己的未来规划有了不同的想法，从而有了不同的人生。一位老太太认为，到了这个年纪可算是人生的尽头，于是便开始料理后事；但另一位老太太却认为，一个人能做什么事无关乎年龄的大小，而在于是否有心完成。于是这位老太太替自己定下了一个目标，以70岁高龄开始学习登山，之后的25年里，她一直参与攀登高山的活动，其中还有几座世界闻名的山峰。到现在为止，这位老太太已经95岁了，她却以如此高龄登上了日本的富士山，打破有史以来攀登此山最高年龄的纪录。

由上述例子可见，不是环境，也不是机遇能够决定一个人的一生，而得看人们对所处的环境和所拥有的机遇赋予什么样的意义，也就是说人们如何认识自己，这不仅会决定一个人的现在，也决定着一个人的未来。你的人生到底是以喜剧收场还是以悲剧落幕，是多彩多姿还是平淡无奇，全在于你到底抱着什么样的人生观。

信念何以对我们的人生产生这么大的影响？事实上，信念可算作我们人生中追求快乐、避开痛苦的一种力量。当一件事情发生时，我们的脑海里会自然浮现两个问题：一是这件事对我是快乐还是痛苦（或者说是好还是坏）？二是此刻我得采取什么行动，才能避开痛苦或得到快乐？这两个问题的答案如何，就全要看我们从何种角度来思考了。

赵小兰，华裔美国人。2001年1月1日，她成为进入美国总统内阁的华裔第一人。在美国劳工部长的岗位上，她又创造了新的业绩。

赵小兰在接受央视《高端访问》时坦言，她的成功源于有乐观向上的生活态度和战胜困难的坚定勇气，有果敢选择的决心和魄力。

赵小兰初到美国时，生活非常困难，那里条件简陋，她语言不通，没有朋友。面对陌生的土地、陌生的文化，赵小兰总是这样鼓励自己：相信明天会更好。她从未觉得困难不可战胜。这种信心首先是来源于赵小兰父母的勇气，这种信心还来源于历代华人移民艰苦奋斗的传统，这种信心还来自于她对美国宽容他人和热心助人等文化的理解和认同。这一切铸就了赵小兰乐观豁达、坚强有力的人生态度，更成就了她辉煌的事业。

本来赵小兰在金融业已有相当的成就，任旧金山美国商业银行国际金融副总裁，年薪已达10多万美元。但是1983年，她毅然决然下定决心转变人生发展方向，放弃银行业高薪，考取美国白宫实习生，走上了"从政之路"，并从很低的职位做起。

赵小兰说，人只要有信念，就敢于选择，勇于坚持，就能显示出决心和魄力，就能从内心勉励自己克服困难，就一定会"自己有主心骨"，就"自己知道什么是最重要的"。

当有了消极的信念后，我们对未来就不敢有任何希望，我们的一生也就只能平淡地度过了。也就是说，信念是能力的供应站，当你选择了某种信念，它就会主宰你该采取什么样的行动。

信念可以帮你创造成功，也可以破坏你正从事的事业，就看你从哪种角度去思考。人类对生活中的一些遭遇，会很主观地赋予某些意义，有的积极、有的消极，前者可使人重拾破碎的心，继续向前迈进，而后者很可能就此毁掉一个人的一生。人生不如意十之八九，其中也会有极为痛苦的遭遇，要想活下去，非有积极的信念不可——这是心理医生维克多·弗兰克从由纳粹设立的奥斯维辛集中营的种族屠杀事件中发现的道理。他注意到，凡是能从这场惨绝人寰的浩劫中活过来的人，都有一个共同的特征，那就是他们不但能忍受百般的折磨，而且懂得以积极的态度去面对这些痛苦。他们相信自己有一天会成为历史的见证者，从而告诫世人千万不要再让这样的惨剧发生。

信念不只适用于情绪及行为，也可以用在身体上，使身体能在短时间内有极大的改变。著名的耶鲁大学教授伯尼·西格尔博士以几个针对多重人格异常的病例，证明了信念的这种"特异功能"。说来令人不可思议，当那些患者认定自己是什么样的人时，他的神经系统便会传达一项指令，使他身体的机能做出极大的改变。也就是说，他们的身体在研究者的眼前很快就变成另一个新个体，例如他们眼珠的颜色变了，他们身上的某些记号消失了或出现某种特征，甚至于当他们认为自己患上了糖尿病或高血压时，他们就真的患上了这些病症。

信念有时候还能助人摆脱掉药物对身体所造成的影响。就在人们还盲目相信药物的疗效时，一门关于研究人类身心互动关系的"心理神经免疫学"，就证实了数个世纪以来的疑惑：信念对疾病的治疗扮演着极其重要的角色，甚至于比治疗本身来得重要。

洛克·里昂兹是纽约空军喷射机防卫队队员马丁·里昂兹的儿子。洛克5岁时，有天母亲凯莉开着小货车带着他行经阿拉巴马的乡间小道。

结果路上出了意外，小货车跌跌撞撞掉到20尺下的峡谷中。凯莉受了重伤，整个人被支离破碎的车门压得动弹不得。而洛克则奇迹般的毫发未伤，他嚷着："妈妈，我会带你出去的。"他从凯莉的身体下面爬了出来，从车窗爬出了小货车，并尝试着将母亲拉出车子，但凯莉一动也不动。于是洛克又钻进了小货车，将凯莉推出车子的残骸。母子两人慢慢地爬上堤防，洛克在后面用瘦小的身躯将超过自己两倍半重的母亲往上推。就这样一寸一寸，有如蜗牛爬行。凯莉感到如此疼痛，几乎要放弃希望，但洛克始终鼓舞着她。他一直重复着说："我相信你能做到，我相信你能……"

他们终于爬到了路边，洛克这才看清母亲的伤势。他开始泪流满面，挥舞着双手，对着驶过的货车呼喊："停下来，请停下来！"他向司机恳求："请带我妈妈到医院。"

虽然凯莉受的伤很重，但是由于就医及时，她得救了。洛克的英勇事迹成了大新闻。但这个有胆识的小男孩，却很谦虚地认为自己没有做什么事。他说："这一切都在意料之外，我只是做了该做的事，任何人在当时都会那样做的。"凯莉则感动地说："如果不是洛克，我可能早就因流血过多而死了。"

哈佛大学的亨利·比特博士所做的广泛研究，就证明了这一点：我们别以为是药物使我们的身体康复的，其实真正的原因要归功于患者的信念。他这项打破传统观念的实验，以100个医学院学生为对象，将其分为两组，每一组有50人。第一组人分配了红色胶囊包装的兴奋剂，第二组人则分配了蓝色胶囊包装的镇定剂，虽然是这么说，可是实际上，胶囊里面的药粉却被调了包，但学生们并不知道。结果两组学生的反应都如先前所以为的那样，吃了红色胶囊的一组很兴奋，吃了蓝色胶囊的一组则很平静，由此可见，是第二组学生们的信念压制住了药物在他们身体内的化学反应。比特博士因此推论，药物的功效有否，不仅得看其药性，同时还得看患者是否相信药物的攻效。

信念是可以选择的，事实上，信念是一种有意识的选择。你可以选择束缚你的信念，也可以选择支持你的信念。成功的要诀就在于，选择能引导你迈向顶端的信念，丢掉会让你踌躇不前的信念。

3. 选择自己喜欢和擅长的事做

据调查，有28%的人正是因为找到了自己最擅长的职业，才彻底掌握了自己的命运，并把自己的优势发挥到淋漓尽致的程度。相反地，有72%的人正是因为不知道自己适合什么职业，而总是做着自己不擅长的事，因此，他们工作时既得不到成就感，又无法在那行业成为顶尖人才，更谈不上成就大事了。

实际上，世界上大多数人都是平凡人，但大多数平凡人都希望自己有番不平凡的作为，希望自己能够成就大事，以实现梦想，使自己的才华能获得他人赏识，自己的能力能获得他人肯定，拥有名誉、地位、财富。但令人遗憾的是，真正能实现这一切的人，似乎总是不多。

如果你用心去观察那些成功人士，你会发现他们几乎都有一个共同特征：不论他们的聪明才智高低与否，也不论他们从事哪一种行业、担任何种职务，他们都在做着自己最擅长的事。

从很多例子可以发现，一个人的成就主要来自他对自己擅长工作的专注和投入程度。只有无怨无悔地付出努力，才能享受甘美的果实。

美国人桑德斯在39岁时来到肯德基州经营一家加油站，无意之中，他了解到来往加油的人有不少都想顺便吃点食物充饥，便萌生出开家餐厅的念头。桑德斯在站台外搭起6张桌子，并潜心研制菜肴。他将11种香料添加到优质肉鸡中，经过特色烹调技术合成，用压力锅炸制，推出了一道鲜嫩酥滑的"炸鸡"作为招牌菜，招揽来大批顾客。可是尽管每天都顾客盈门，到了月底盘账，利润却微乎其微。桑德斯百思不得其解，一直没有找到原因。这样过了16年，"炸鸡"声名远扬，可桑德斯的积蓄却少得可怜。

不幸之事突然降临。因为餐厅周边土地被征作高速公路用地，顾客再不能来用餐,桑德斯不得不折价变卖了所有家当。没有足够的资金另开餐厅,桑德斯只能靠领取救济金度日。这时,他想起曾经有人主动找上门来,请求他转让"炸鸡"的技术,并许诺将以每卖出一只鸡支付5美分费用作为回报。为何不靠贩卖"炸鸡"技术来赚钱呢?灵光一现,困境之中的桑德斯带着压力锅和作料桶,敲开了一家家饭店的大门。

两年之中,在被拒绝了1009次之后,桑德斯终于赢得了第一次授权合作的机会。此后,他坚持不懈地在各地游说,终于发展到400家餐厅愿意授权经营。随着"炸鸡"的影响越来越广,许多餐厅主动申请授权。桑德斯因此赚得盆钵满盈。他要求所有授权餐厅统一取名为"肯德基",并统一形象和技术标准。如今,肯德基已发展成为全球最大的"炸鸡连锁集团"。

晚年时,桑德斯回忆起当年忙碌却清贫的日子,不禁感叹:"要是我能早些正视自己不善于经营餐厅的事实,早点把这些活儿交出去,我的人生就将少走一段弯路。"

那么,如何发现自己最喜欢和最擅长什么呢?

我们可以参考苹果创始人乔布斯的"明天死去"原则。从17岁起,乔布斯每天都会对着镜子自问:"如果今天是我的最后一天,我还会去做将来打算做的那些事吗?"乔布斯相信,在死亡面前,任何荣辱成败都变得无足轻重,剩下的就是你最紧要的事情。

如果你明天即将死去,那么你今天选择的工作,就是你愿意为之奋斗一生的工作。这样去想,你就会剔除那些看来重要但却无关紧要的事项,找到自己最喜欢做的事。

还要将精力集中在优势领域,使之比万万人更强。盖洛普说,成功就是充分实现你的潜能。而这取决于你能否准确识别并全力发挥你的天生优势。所谓优势,就是你天生能做一件事,不费劲,却比其他一万个人做得好。想想看,没必要抱怨自己天赋平平,我们每个人必有某种过人之处,那就是你真正擅长的事情。把精力集中在这个领域,去专注如一地学习、奋斗,你肯定能获得比在任何其他领域更多的成就。

在选定了自己喜欢并且擅长的领域之后，你的割舍就会变得简单起来。你会跳出薪酬的圈子、忽略福利、忘记工作时间、不计工作地点、抛开职位高低，此时，你才拥有了一份真正意义上的职业规划乃至人生规划。

另外，不要钻牛角尖。有人可能会问，我最喜欢的事是打游戏，我觉得我打得也挺好，当然网上还有很多比我打得好的高人，那么我是否只能去做一个网络游戏的程序开发员？

这，就是钻进牛角尖了。首先要跳出具体的事情，从本质上来看哪些是你所喜欢和擅长的事。如果将打游戏的乐趣折射到你的人生中，你所喜欢和擅长的可能是充满挑战、刺激的任务，那些胜负分明、成就感丰沛的工作，它可能与团队合作有关，是互联网行业的工作……事实上，你会发现，除了电脑游戏的开发，还有很多类似的工作能帮你找到发挥个人潜能的出口。喜欢且擅长，不能一叶障目，只见泰山，也要明辨是非，要符合社会发展的趋向和大多数人的利益。

天生我材必有用。要做喜欢且擅长的事，绝不是让你无原则的偏执，你所做的事要能为大多数人创造价值，并且，能持久地创造价值。所以，选择职业，不单单是找一个能养活自己的工作，这一选择的本身就是一个发现自己、认识自己的过程。

内心的喜好是推动事业进步的最大动力，它能帮你克服困难，让你坚持到底。如果你喜欢的事情有很多，要挑选自己最擅长做的事，这样你就能在感受快乐的同时取得超乎常人的成就。

曾国藩曾说："世上没有庸才，只有放错了岗位的人才。"从根本上讲，别人无法把你束缚在错误的岗位上，能这样做的，只有你自己。

2006年，《鲁豫有约》节目采访中，Robin（在百度内部李彦宏的"昵称"）第一次在公开场合谈起了自己的"成功秘诀"。

20年来，Robin一直在用自己的行动实践着这句话——人一定要做自己喜欢并擅长的事情，他从未离开自己喜欢的行业半步。

百度2005年上市后，就不断有人来劝Robin，"百度有钱了，应该涉足网络游戏，多个赚钱的业务"。那时网络游戏在中国已非常热，国内的互联网企业纷纷投向"网游运营商"的行列。然而Robin的回答始终是"No"，理由很简单，这不是百度所擅长的。

2007年，中国一家门户网站自主研发的在线游戏收入达到上千万美元，在纳斯达克"一石激起千层浪"，一条清晰的"坐拥用户群就可以赚到丰厚回报"的赢利模式出现在大家眼前，这个行业更热了，业界的大公司纷纷把网络游戏定为战略级产品，开始部署重兵。

这天，有人拿着一组数据翔实的调研报告来找Robin，"从百度社区的用户来看，其中很多人都是网络游戏的玩家，他们每天花在网络游戏上的时间比'搜索'的时间长多了，既然用户有这方面的需求，我们是不是可以着手尝试涉足网络游戏，让用户在百度平台上得到满足？"

Robin仔细地看完数据，平静地反问："数据确实证明了需求，但是我们做网络游戏的优势又在哪里？"

"我们有这些用户啊，其他这些网站也都谈不上什么优势，只要有用户、有需求，就可以运营起来了。"

Robin缓慢地摇了摇头，坦白地说："刚回国的时候我就已看到了中国网民对网络游戏的热情高于其他任何国家的特殊形势。但我自己从来不玩网络游戏，很长时间都搞不懂网络游戏。我想，对这种自己都不喜欢，更不擅长的事，即使商业机会摆在那儿，我也肯定做不过真正喜欢它的人。所以我选择了'搜索'。今天你让我选，我还是会这样选。"

"这个行业的利润比我们做'搜索'高多了！我们有这么充足的用户需求，不做，太可惜了。"

Robin想了想说："那么，我们可以尝试通过合作的方式，为网络游戏厂商提供一个推广平台，让真正喜欢的人来做他们擅长的事，我们只在里边起间接作用吧。"

于是，作为推广方式的第一步，"百度游戏频道"诞生了。业界很多人分析百度要进入网络游戏领域分羹，分析师们也总是不停地探问，百度什么时候开始进入网络游戏行业？而Robin从不为之所动，他的回答是明确的：

"暂时没有这个打算。"

在2003年和2004年，好多人劝百度投入SP（移动互联网服务内容应用服务的直接提供者）业务"捞钱"时，Robin都以"这不是百度擅长的事"为由拒绝了。正是这样的取舍，使百度能够专注于自己喜欢且擅长的"搜索"领域，才取得了今天的市场领先地位。

因此，在开始就业过程之前，要对自己有一个清醒的认识，认清到自己的优点、缺点、长处、短处。首先要从客观实际出发，估计一下自己能否胜任某项职业的要求，从而扬长避短，而不是随大流，一窝蜂地冲向最热门的行业。

以下提供几项建议，以便你在选择自己擅长的工作时作为参考之用。

第一，阅读并研究有关选择职业的建议，这些建议必须是由最权威人士提供的。但不要听信那些说可以给你做几项测验，然后指出你该选择哪一种职业的人。这种人的做法已经违背了"职业辅导员"的基本素养，他们不会考虑到被辅导人的健康、经济等各种情况，也不能提供就业机会的具体资料，是毫无科学根据的。

第二，避免选择那些早已热门得不得了的职业。在美国，谋生的方法共有两万多种以上。想想看，两万多！但年轻人仿佛都不太了解这一点。结果呢？在一所学校内，2/3的男孩子选择了5种职业——两万种职业中的5项，而女孩子中更有4/5是这样。难怪总有少数的职业会人满为患，难怪白领阶层会产生不安全感和忧虑情绪。尤其是，如果你要进入法律、新闻、广播、电影等这些光鲜亮丽的行业，这些已人潮汹涌的圈子里，你必须要费一番大功夫。

第三，避免选择那些工作机会只有1/10的行业，如推销人寿保险。每年有数以千计的人事先未打听清楚，就贸然从事推销保险的工作。

第四，在你决定投入某一项职业之前，先花几个礼拜的时间，对该项工作做个全盘性的了解。如何才能达到这个目的？你可以和那些已在这一行业中从事10年、20年或30年的人士谈谈，交谈的结果可能会对你的将来产生极深的影响。拿破仑·希尔就从自己的经验中得出了这一结论。拿破仑·希尔在二十几岁时，向两位老人家请教过职业上的问题，后来回想起来，他发现那两次谈话其实是他生命中的转折点。事实上，如果没有那两次谈话，他的一生将会变成什么样子，实在是难以想象。

记住，你是要做出你生命中最重要且影响最深远的两项决定(事业与婚姻)中的一项。因此，在你采取行动之前，应该多花点时间探求你的职业的真面目。如果你不这样做，接下来的时间，你很有可能活在后悔之中。

另外，还得克服"你只适合一项职业"的错误观念。每个正常的人，都可以在多项职业上造就成功，相对地，每个正常的人，也可能在多项职业中成为失败者。以卡耐基为例，如果让他从事下述各项工作，他相信，成功的概率一定很高，对所从事的工作，也一定能深感愉快，这一类工作包括：农艺、果树栽培、农业科学、医药、销售、广告、报纸编辑、教育、林业。另一方面，他也相信，如果从事下述的工作，他一定不喜欢，而且还会失败：簿记、会计、工程、经营旅馆和工厂、建筑、机械以及其他数百项活动。这是卡耐基自述自己专长与职业关系时的事实，值得我们参考。

在这些选择职业应注意的事项中，不管有怎样的规定，都应以选择自己喜欢、擅长的事为基准。美国著名行为学家杰克·豪尔在题为《从自己的专长着手打造成功》的报告中，非常明确地指出："人与人之间的竞争，不是聪明与不聪明的比赛，而是不同专长的比较，或者说各自在专长方面显示的能力如何。成功者都是因为在专长上充分施展了自己的优势。如果一个人能在自己的专长上发挥出86%的能力指数，那么他就可以获取成功了。"

4. 选择"跨出去"，在冒险中寻找机会

在创业的路上，面对最直接的利害得失，我们必须敢于做出自己的选择，表明自己的态度，并且能承受因我们的选择而带来的后果。

一个人成功的关键，是他是否拥有胆量和勇气。如果没有胆量和勇气，你就不会拥有一切。人生也是一场赌局，"愿赌服输"是一种风度，一种境

界。既然选择了，就必须赌下去，不能患得患失，瞻前顾后，更不能因此而失去理智，迷失心性。

如果想做生意，想闯荡商海，没有一份胜败自如的洒脱，是难以承受商海的风雨的。人生的输赢，不是一时的荣辱成败所能决定的。今天赚了，不等于永远赚了；今天赔了，只是暂时还没赚。任何时候，过人的胆识和胸怀都是一个人最重要的品质。坚持到底就是胜利。做生意是这样，做人是这样，做任何事情都是这样。只有如此，才能禁得起经济战场中的"枪林弹雨"，成为"活"着出来的那一个，成为发家致富的"王者"。

真正的勇气就是秉持自己的意见，不管别人怎么说。只要确定自己是对的，就坚持你的信念，无怨无悔。

日本三洋电机的创始人井植岁男讲过这样一个真实的故事。一天，他家的园艺师傅对他说："社长先生，我看您的事业越做越大，而我却像树上的蝉，一生都坐在树干上，太没出息了。您教我一点创业的秘诀吧。"井植岁男点点头说："行！我看你比较适合园艺工作。这样吧，在我工厂旁有2万坪空地，我们合作来种树苗吧。""树苗1棵多少钱能买到呢？"园艺师傅问道。"40元。"井植又说，"100万元的树苗成本与肥料费用由我支付，以后3年，你负责除草施肥工作。3年后，我们就可以收入600多万元的利润，到时候我们每人一半。"听到这里，园艺师傅却拒绝说："哇，我可不敢做那么大的生意！"最后，他还是在井植岁男家中栽种树苗，按月拿工资，白白失去了致富良机。

事实上，我们总是处于这样或那样的冒险境地中，因为我们别无选择。我们必须横穿马路才能走到另一边去，我们也必须依靠汽车、飞机或轮船之类的交通工具，才能从一个地方到达另一个地方。

我们在每一天都将面临冒险，除非我们永远扎根在一个点上，原地不动。的确，当冒险的结果不太令人满意的时候，总会有人说："还是躺在床上保险。"很多穷人从来不愿去冒险，他们似乎习惯于"躺在床上"过一辈子。

"千万要小心谨慎从事"，许多人都是在这样一种敦促、提醒、告诫的语言环境中一点点长大成熟的。正因为周围环境中时时刻刻存在着这样的善意提醒，使得一般人很难挣脱原有束缚去冒一把险。

许多人从不考虑"当一个为自己打工的业主"，因为那"太冒风险了"。接受大公司的职位是大多数人的选择，因为这样不存在某天被解雇的风险。许多人一心只想着"干活——拿工资——花钱"，要公司"关心"他们的生活。他们认为这才是理想的低风险的工作。但是，他们错误地估计了自己的这门职业，因为有朝一日，大多数人会从他们的职位上消失掉。

工作和生活永远是变化无穷的，我们每天都可能面临改变。新的产品和新的服务不断上市，新科技不断被引进，新的任务不断被交付，还有新的同事、新的老板……这些改变，也许微小，也许剧烈，但每一次的改变，都需要我们调整心态，去重新适应这一切。

改变，意味着去挑战某些旧习惯和老状态。如果你紧守着过去的行为和思维模式，并且坚信"我就是这个样子"，那么，那些新事物就会威胁到你的安全感。我们既然有成为"成功富人"的欲望，却不去冒险，又怎么能够实现这个伟大的目标呢？冒险与收获常常是结伴而行的。风险和利润的大小是成正比的，往往经历巨大的风险会为你带来巨大的效益。险中有夷，危中有利。要想有卓越的成果，就要敢冒风险。

一个女孩经历了诸多的挫折，始终没有找到一个成功的入口。迷茫的她，给自己放了个假，带着灰色的心情去美国旅游。

一天，她在旧金山市政厅参观的时候，难得兴致高涨，她信步漫游，不知不觉来到市长办公室的门口。她不假思索地敲了门，不料一个壮实威严的保镖走了出来，惊问道："小姐，我能帮你什么吗？"她愣住了，一时不知该怎么回答。顿了几秒钟，她心想：既然敲了门，那就进去看看吧。于是，她精神十足地对保镖说："我能进去看看市长吗？"

保镖仔细打量了她一番，说道："你得稍等片刻。"说罢，他用监视器和市长通话，确定下了见面的时间和地点。不一会儿，那个胖嘟嘟的市长大腹便便地走了出来，并很高兴地和她一起聊天、拍照，他们就像一对早已认识的忘年交。

有时候成功源自"敲门就进去"的冒险。如果你根本没有仔细想过要去冒险，那你就只能待在原地，安于现状，既不能后退，也不能前进。你的日子很可能过得呆板、懒散。

"划时代"的探险行为不是时时发生的，也不是每一个探险家都会碰到的机遇。虽然冒险精神只是一种精神层面上的东西，但探险家的行动必须拥有足够的冒险精神。不具备足够的冒险精神，成功就与你无缘。

我们都知道，冲浪是一个挑战极限的活动。冲浪者在学习驾驭浪头时，很清楚地意识到自己是在对抗一股无法掌握的庞大力量。永远不可能有两个相同的浪头，海浪总是变化多端、捉摸不定的。但是，冲浪者却把这些视为考验自己身心的大好机会，他们甚至会主动寻找大浪。浪越大，乐趣就越多，即使可能会被大浪击倒，吃进满嘴的沙砾，也无所谓。他们坚信，不去经历更大的浪头，就不会获得新的突破。

冲浪者把对大海的恐惧当成"兴奋剂"，反过来利用它去完成目标。这就如同医学报告指出的，人体在危险的情况下，会进入一种"高度警戒"的状态，并且帮助自己立刻有效地应付变局。换句话说，挑战极限是人类天生的本能。

无可否认，所有的冒险都会令人感到兴奋，同时也会让人产生焦虑。不过，话又说回来，在漫长的生命历程中，既然我们无法避免那些充满风险的事，何不干脆让自己奋力放手一搏呢？

当然，谁也不想失败。所以要确知哪些风险是可以试试的，哪些风险是绝不能贸然行动的。只了解事实是远远不够的，你必须了解你自己。你一定要有个清楚的概念：你是通过"害怕"和"野心"这两个放大镜来观察和评估风险的，而这样的镜片下反映出来的东西，并不是永远不走样的。在决定"下注"的时间、地点之前，一定要认真考虑，包括你在人生奋斗中所处的确切位置，以及那个位置对你所产生的影响。也就是说，你必须考虑到，若以现在的条件，假设失败了，自己是否还有后路可退，自己还有多少筹码，等等。

但是赌注是一定要下的，即使你知道有可能会输。而且我们每个人都会经历失败，一旦筹码落地，你就不能再想着输了，要坚信自己一定能赢。即使你把所投赌注全输了，你也不用过于灰心丧气，因为我们每个人都会经历失败，这是非常正常的。冒险必定要付出一定的代价，在决策时就应该把所要付出的代价考虑进去。总之，既要敢于冒险，又要尽量减少风险成本，这才是成功之道。

人生需要尝试，特别是在创业时期。一般说来，我们在创业之初，并不知道最后的结果如何，那么，在这个时期，就需要尝试、尝试、再尝试，试验、试验、再试验，挑战、挑战、再挑战。

如果我们能够尝试着向前走，不被艰难和黑暗吓倒，我们就会发现，我们所经历的风险其实并没有那么可怕。

世上没有一步登天的事，必须不断地在尝试中学习，在尝试中经历错误，再加以修正。对那些成功者而言，他们不可能不用按部就班，轻而易举地就能获取胜利的果实，也得在尝试中逐步逼近预设的目标。显然，没有多次的尝试，任何人都是无法成功的。

在现实生活中，我们会发觉有的时候一条路看着很黑，但是真正走在路上却未必如此。往往是走近那条路的时候，才会发现，原来这条路并没有我们想象中那么黑，甚至根本就是一片光明。这不仅是自然界的一种情形，在人生的事业、爱情、家庭、金钱和人际关系上也是如此。坐在那里想，越想越可怕；坐在那里看，越看越黑暗。如果我们能够尝试着向前走，不被艰难和黑暗吓倒，大胆地去探一探究竟，我们就会发现，现实其实并没有那么可怕。

这点我们可以从玫琳凯化妆品公司的创始人玫琳凯的奋斗故事中看出来。

"我首次举办玫琳凯化妆品销售展时碰了一鼻子灰。我当时急于想证明可以让许多女孩子购买我们公司的护肤产品,我希望自己举办的销售展能一举打响公司品牌。但是那天晚上我总共只卖了一块五毛钱。离开销售展点后,我开车拐过一个街角,趴在方向盘上哭了起来。'那些人究竟怎么了?'我问自己,'她们为什么不要这种奇妙的护肤品?'一阵恐惧感掠过我的心头。我的第一个反应便是怀疑自己是否太冒险了,或许准备得还不够充分。我之所以忧心忡忡,是因为我把毕生的积蓄全部投到这项新产品的研发中了。我对着镜子问自己,'玫琳凯,你究竟错在哪里?'这一问却使我恍然大悟,因为我竟然从来没想过请人订货。我忘了向外发订货单,却只是指望那些女人会自动来买我的东西!

"是的,我失败过,而且几度差点崩溃。但是分析了前因后果之后,我从失败中吸取了教训。我数千次向玫琳凯公司的员工们讲述这段往事。我要让他们知道我首次举办化妆品销售展时的失败经验,但是我却并没有因此而灰心丧气。那次的失败是我后来之所以能成功的原因。我确信生活就是由一连串的尝试和失败组成的,我们只是偶尔获得成功。要想成功,重要的是要不断尝试,勇于冒险。"

还有,你相信一件事吗?人人都是天生的冒险家。根据研究指出,从一个人出生到5岁之间,即一个人生命开始的前5年,是尝试冒险最多的阶段,人在这个阶段的学习能力远比往后数十年更强、更快。试想,一个不到5岁的幼儿,整天置身于从未经历过的环境中,他只能不断地自我尝试,学习如何站立、走路、说话、吃饭,等等。这个阶段的幼儿,他们无视跌倒、受伤,把一切冒险皆视为理所当然,也因为如此,他们才能逐渐茁壮成长。

反而随着年龄的增大,经历过越多事情之后,我们却变得越来越胆小,越来越不敢尝试冒险。这是为什么?理由很简单,因为大多数人根据过往的经验知道了,怎么做是安全的,怎么做是危险的。如果贸然从事不熟悉的事,很可能会对自己产生莫大的威胁。所以,年纪越大的人通常越讨厌改变,他们喜欢安于现状,因为这样才能让他们感觉舒服。行为学家把这种心态称为"稳定的恐惧",意思是说,因为害怕失败,所以恐惧冒险,结果"观望"了一辈子,始终得不到自己想要的东西,殊不知,凡是值得做的事多少都带有风险。

行为学家的研究证实,人类冒险是正常的,不冒险才是异常。我们不应畏惧冒险,通过冒险活动可以让人更健康、积极、有活力,并能产生自信。从不冒险的人,他们不但容易忧郁颓丧,暴饮暴食,承受压力的能力也比较低。

很多人害怕冒险,往往是因为他们担心自己的能力不足。然而,有趣的是,一旦勇于接受挑战之后,绝大多数的人都会恍然大悟:自己拥有的能力竟然远远超过自己的想象。

知道了自己具备"超能力"的确是一件非常过瘾的事。据说,在美国的企业界,目前最流行的就是去参加户外挑战课程,如攀岩、急流泛舟、荒地探险、单车越野,等等,因为这些冒险活动可以让人们萎靡已久的身心重新得到振奋。

人生需要不断尝试,在不断尝试的过程中,适时加入一些"调味"的冒险吧。就如儿时的"寻宝游戏"一样,走错了路,大不了再转过头,沿原路走回来。只要有机会重新开始,事情就不算太糟。所以,即便失败,也是一次饶有趣味的学习。若是成功,你自然就会有信心展开下一次冒险。

5. 选择乐观,让阳光洒满你的世界

先与读者们分享个有趣的小故事。这个故事是孩子们朗朗上口的,或许你也曾听过。

有个顽皮鬼遇见了一位潜心修行的老和尚。顽皮鬼看老和尚一动也不动地参佛,因此起了吓唬老和尚的念头。于是他变成一个无头鬼,飘到老和尚的面前。

老和尚看了他一眼，轻描淡写地说："真好，没有头就不会头痛了。"顽皮鬼不服气，马上又变成一个没肚子的鬼，心想这次一定可以吓死老和尚。没想到老和尚仍是看了看，笑着说："没有肚子就不会肚子饿了，不必想该吃些什么，真是幸福啊！"

顽皮鬼非常生气，决定使出浑身解数。这一次，他变成一个满面青光、没有五官的鬼，他就不信这样还吓不了老和尚。老和尚依旧不急不慢地说："没有耳朵，就听不见扰人的声音；没有眼睛，就看不见人间的丑陋；没有鼻子，就不会流鼻涕；没有嘴巴，就不用辛苦地说话，你真是非常幸运呢！"这次，顽皮鬼再也没辙了，只好悻悻然地离去。

在我们身旁经常出现如"顽皮鬼"般的考验，如果我们也能像老和尚一样，凡事从乐观的角度去思考，生活就能简单快乐多了。

哈佛大学教育学院教授克莱里·萨弗指出："如果你能改变你的思想，从悲观走向乐观，你便可以使你的人生改观。"

哈佛大学医学院曾进行过104项科学研究工作，研究对象达15 000人。研究结果表明，乐观能帮助你变得更幸福、更健康，并且使你更容易获得成功。而悲观呢？正好相反，能导致你绝望、罹患疾病和步入失败。

心理学家克雷格·安德森教授说："如果我们能引导人们更乐观地去思考，这就好比为他们注射了防止精神疾病的预防针。"研究人员解释说："你的才能当然重要，但相信自己必定能成功的想法，常常是决定成败的关键因素。"

克雷格·安德森教授曾经让一群哈佛学生打电话给普通民众，请他们去红十字会捐血。当那些哈佛学生打了一两次电话后都碰了一鼻子灰时，悲观的学生就说："我做不好这件事。"乐观的学生则对自己说："我要换个方法再试试。"

乐观者会认为他们所处的状态比实际情况好得多，事情并非真得太糟，当然，这种想法会使他们更勇敢地坚持下去。匹兹堡癌症研究所的桑德拉·立维医生对患有末期乳癌的妇女进行了一系列的调查研究，发现平常比较乐观的妇女在接受治疗后，不再复发的概率较高，这就是保持乐观信念所产生的积极效果。在一项以患初期乳癌的妇女为对象的实验性调查中，立维医生还发现，那些悲观的妇女病情恶化得比较快。

乐观虽不能治疗那些"不治之症"，但却可以防止一般性疾病。在一项长期研究中，研究人员调查了一群哈佛大学校友的健康史。被调查对象当时在班上的成绩都是中等以上，健康状况也十分良好。然而其中有些人生性乐观，有些人却悲观消极。20年之后，患有高血压、糖尿病和心脏病等疾病的人中，悲观者的人数远远超过了乐观者。

悲观的确是一种不易更改的习性，但这不是绝对的。在一连串让人关注的研究中，美国伊利诺大学的凯罗尔·德维克医生曾和一些小学低年级的学生相处了一段时间，她帮助学习效果不好的学生改变了他们对自己成绩的解读方式，从"我是个笨蛋"改为"我没有用功读书"，结果，这些学生在往后的考试成绩上都有持续的进步。

要想告别不幸，只靠别人的帮助和安慰是无效的。因为你的所有情绪都是由你自己控制的，只有你自己想通了，并珍惜身边所拥有的，你才能坦然地消化并接受所谓的不幸，让自己开怀起来。

你可以随时创造一种"我很快乐"的心境，想要多快乐，就会有多快乐。那么，如何才能获得快乐呢？下面几个小技巧你可以试一下。

微笑。如果你一直使自己的情绪处于低落的状态，例如你肩膀下垂，走起路来双腿仿佛有千斤重似的，那么你就真会觉得情绪很差。你要是一脸哭相，没有人愿意理睬你。那么要怎样改变呢？很简单，你只要深吸口气，抬起头，挺起胸，脸上露出微笑，并摆出生龙活虎的架势就行了。微笑同打哈欠一样是会传染的。如果你真诚地对一个人展颜而笑，他实在无法对你生气。

放松。快乐的人总是这样对自己说：我觉得快乐，我会在各方面干得越来越好，我会越来越快乐。当你反复地对自己说这些话，如"我很放松"、"我很平静"，等等，时间久了，这些话就会进入你的潜意识中。

忆趣。现在，我们一起来尝试一下幻想愉快的心理图像。首先，放松你的下巴，抬起你的脸颊，张开你的嘴唇，向上翘起你的嘴角，对自己说"忆些趣事"。把快乐图像化，并像一部电视片一样对自己播放，这就是愉快的心理图像法。

你可以选择一个快乐的角度去看待生活，也可以选择一个痛苦的角度去对待人生。鱼在水里游来游去，那么从容，那么自在，它的快乐全部弥漫在水中。而我们人类的快乐全部藏匿在生活的每个角落，它们是那样的简单，简单到只需人们用心去细细地品味。

6. 改变自己对挫败的态度

冷静下来，总有办法可想，许多人都是这样走过来的。"做不好"比"不做"更好。

"世界上没有什么东西可以代替坚持不懈。聪明不能，因为世界上失败的聪明人太多了；天赋也不能，因为没有毅力的天赋，只不过是空想；教育也不能，因为世界上到处都可以见到受过高等教育的人半途而废。如今，只有决心和坚持不懈才是万能的。"美国作家卡文·库利吉的一句话道出了坚持的重要性。

一个人看待挫折的态度，直接影响着他的行动力，可导致他的成功或失败。挫折摆在眼前，这是一个残酷的事实，除了接受它之外，另外该做的就是把它转化成为一种助力，让自己能撑着它攀上更高的山峰。

刚刚进入社会的年轻人在寻找工作时，总会因为资历、相关工作经验的缺乏，或所学与所想从事的职业不同而碰壁，不妨看看这样一个例子。

易森一心想往广告界发展，于是他寄出了自己的简历，却没得到任何一家公司的青睐。不甘心之余，他决定打电话去问清楚："为什么不用我？"可能就是因为这股自信，这次他获得了工作机会。易森后来成为传媒界的杰出人士。当易森谈起当年的求职经历时，说："我觉得我自己是属于传媒界的人，于是我写信到各大广告公司毛遂自荐，哪怕是让我倒水、清垃圾都无所谓，只要给我机会。"

一位知名的演艺人员，当初在大学快毕业的时候，决心走入影艺圈，但是缺乏相关背景的她，迟迟不知该如何打开影艺圈的大门。后来她决定去拍些照片，通过四处散发自己的照片，以达到自我宣传的效果，最后她终于成功了。

有一些人在找不到工作的时候，就会迷茫沮丧，但是还有一些人，他们会想尽办法，摆脱困境。一位任职人力资源公司的主管谈到多年工作的经验时说："冷静下来，总有办法可想，许多人都是这样走过来的。'做不好'比'不做'更好。"

台湾有个"草莓族"的称号，用来形容20世纪60~70年代出生的这群人。因为这群人在工作上所展现出来的低抗压性，遇到挫折时就放弃的那种态度，如同草莓一样，虽拥有光鲜外表，但只要轻轻一压，整个形状就被破坏了。其实最根本的原因，就是这群人缺乏处理失败的应变能力，他们不懂如何换个角度改变自己对失败的想法。

有位业务员照例拜访某公司，但他这次的运气似乎不太好，被挡在了门外。他只好把名片交给董事长的秘书，希望能和董事长见面。秘书看他十分诚恳，便帮他把名片交给了董事长。不出所料，董事长不耐烦地把名片丢了回去。很无奈的，秘书只得把名片还给站在门外的业务员。这位业务员不以为意地再次把名片递给秘书："没关系，我下次再来拜访，所以还是请董事长留下名片。"

拗不过业务员的坚持，秘书硬着头皮，再次走进董事长办公室。没想到董事长这次火了，将那张名片一撕两半，丢回给秘书。秘书不知所措地愣在当场。董事长更生气了，从口袋里拿出10块钱，"10块钱买他一张名片，够了吧！"岂知当秘书递还给业务员名片与钱后，这位业务员很开心地高声说："请你跟董事长说，10块钱可以买两张我的名片，我还欠他一张。"随即又掏出一张名片交给秘书。突然，办公室里传来一阵大笑，董事长走了出来，"不跟这样的业务员谈生意，我还找谁谈？"

遭遇拒绝，是业务员每天都会碰到的场景。如果光是靠好的修养来保持自己的"风光"，即便超级业务员也有倒地不起的一天。能从别人设下的困局里跳脱的人，都有一个本事，那就是他们善于逆向思考。当你不顺着设局者的逻辑思考时，你才能出自己的招，去破解设局者的招数。说是阿Q精神也好，通常只有这样的人才能成为一个主宰大局的人。

一个在金融界工作的人，当初他刚进入公司做基金研究员时，不知为什么，主管老是看他不顺眼，比如主管邀请大家下班后一起吃火锅，总是"不小心"漏了他。他替自己打气的方式就是去饭店吃高级火锅，他要比主管还享受。主管要给他难堪，哪知他更得意。工作上，主管分配给他的基金，老是一些冷门的投资项目，使他在业绩上很难有所突破，他也不生气。

现在他在另一家公司的行销企划部如鱼得水，他说："多亏那个主管以前那样对我，否则我现在只能做研究分析员。那个主管的态度逼我走出了另一条路，很谢谢他的造就。"

当我们转变想法时，就可以驱除失败所带来的负面情绪。若让负面思考及恐惧侵蚀我们的心灵，那么我们的整个世界就只剩下自我怀疑和恐慌而已。可是，一旦我们懂得如何控制自己的负面情绪，不让其持续扩大，同时开始正面思考，就可以将"棍子"转变为"令牌"，化"不可能"为"可能"。

一切再令人难堪的事情，只要你能使它们朝着正确的方向前进，都会成为好事。

把失败看成是一次富有正面意义的教育，能从失败中有所收获，这是成功者所必须具有的一种绝佳心态。

生活中大大小小的错误，可能会吓住许多人，让我们心中不禁产生那种"一朝被蛇咬，十年怕井绳"的恐惧感。其实，这大可不必。换个角度来看，失败也是一种收获，需要你仔细诊断。对此，"发明大王"爱迪生似乎比所有人都认识得更深，实践得更好。爱迪生为了得到一个正确的结果，往往要做上百次失败的实验，但他正是在不断的失败中找到了正确的理论方向。

为了发明电灯，爱迪生失败了无数次。某次为了寻找最适合做灯丝的材料再次失败后，爱迪生的助手叹着气说："唉，又失败了。""不，"爱迪生轻松地说，"错了！这次我们又成功地找出了一种不适合做灯丝的材料。"

把失败看成是一种富有正面意义的成果，成功者最懂得"失败乃是成功之母"这句话的真正含义。他们往往会在失败的教训中获益，然后从失败走向成功，之前的失败经验反而是最辉煌的转折点。

当然，关键是你要从某次失败中吸取教训，并避免下次不再犯同样的错误。只有愚蠢至极的人，才会在同一个地方被同一块石头绊倒两次，这样的人当然也学不会从失败中吸取教训，只会反复让自己陷入失败中。

以下是常见的失败原因，请找出你身上曾经出现过的那几项，并下定决心使它离开你：

(1)浑浑噩噩，生活缺乏明确目标。

(2)缺乏自律，饮食无法自我节制，对周围环境漠不关心。

(3)缺少雄心壮志。

(4)因消极人生观和不良饮食习惯造成的疾病。

(5)儿时的不良影响。

(6)缺乏坚持到底的毅力。

(7)情绪起伏过大。

(8)时常妄想不劳而获。

(9)即便机会近在眼前，仍然无法迅速做出决定。

(10)婚姻生活不幸福或工作不顺利。

(11)与人言谈，总措辞不当且缺乏耐性。

(12)虚掷光阴和金钱。

（13）无法和人融洽相处与合作。

（14）缺乏洞察力和想象力。

（15）受挫时报复欲望强烈。

我们还必须了解到失败的原因并不止这些，而且导致一个人失败的原因，通常不止一种。

汪非年轻的时候，曾经在芝加哥创办一份教导人们如何成功的杂志。在初期汪非没有足够的资金创办这份杂志，所以他只好和印刷工厂合作。后来这一杂志受到市场欢迎，畅销数百万册。

然而，汪非却没有注意到自己的成功已对其他出版社造成了威胁。在他完全不知情的状况下，一家出版社买走了他合伙人的股份，并接收了这份杂志的出版权。当时汪非是以一种感到非常耻辱的心态，辞去了那份让他充满兴趣的工作的。

上面所列的失败原因中，有好几项都是造成汪非失败的原因。其中，最大的原因在于，他忽略了"和人融洽相处与合作"这一点，他常因为一些出版方面的小事同合伙人争吵。当机会出现在他面前时，他并没有掌握住它。汪非的自私和自负，应该要对这次失败负上不少责任，而且他在业务上不够谨慎，以及说话语气太过强烈，也都是造成他失败的原因。

但是，汪非却能够从这次的失败中找到使自己成长的"种子"，让他的事业得以重新萌芽、茁壮。后来，汪非离开芝加哥前往纽约，在那里，他又创办了一份杂志。为了要达到完全控制业务的目的，他必须激励其他只出资、但没有实权的合伙人共同努力。他同样必须谨慎地拟订他的营业计划，因为他现在只能靠他自己了。

不到一年的时间，新的杂志的发行量就比之前那份杂志的发行量多了两倍多。其中一项获利来源，是汪非所想出来的一系列函授课程，而这一系列的函授课程，就成了他创刊号的杂志里成功学主题所刊载的篇目。

当汪非离开芝加哥的时候，曾经一度处在彷徨之中。他那时其实可以放弃创办杂志的念头，并接受他太太的建议，安稳地从事律师工作。但是，他在失败中找到了使自己成长的"种子"，而且他精心培育这颗"种子"，以圆他人生最大的梦想。

看来失败也是一种收获，你可以从失败中学到更多。

失败所显露出的坏习惯，被你予以驱逐后，再以好习惯重新出发。

失败帮你除去了傲慢自大，并以谦恭取代，而谦恭可使你得到更和谐的人际关系。

失败帮你重新检讨你所处的位置，包括你的资产和能力，让你接受更大的挑战机会，增强你的意志力。

7. 选择好前进的方向——最重要的是方向，其次才是速度

记得有一句话这样说：快些到达目的地，最重要的是方向，其次才是速度。

有一个故事是这样的："如果卢浮宫着火，你会救哪幅画？"很多人要救"蒙娜丽莎"，著名作家贝尔纳的回答是："我救离出口最近的那幅画。"他的理由是："成功的最佳目标不是最有价值的那个，而是最有可能实现的那个。"

这则小故事告诉我们，选择目标一定要选择最有可能实现的那一个。因为当你追求最有价值的目标——"蒙娜丽莎"，很有可能你还未救出那幅画，就葬身火海了。我们只能也最好是选择最有可能实现的目标，也就是切合实际的目标。别人的目标是抢救最有价值的"蒙娜丽莎"，那位聪明的作家却选择最安全的那幅画。

有三个年轻人一同结伴外出寻找发财的机会，他们来到了一个盛产苹果的偏僻山镇，他们发现那里的苹果又红又大，味道香甜。真的太好了。但

由于地处山区，那里的信息、交通等都很不发达，这种优质的苹果只能在当地销售，且价格非常便宜。第一个年轻人望着那些苹果，双目发亮，倾其所有购买了一批苹果运到大城市销售；第二个年轻人用了少量的钱购买了100棵苹果树苗带回家种，3年来没有一分收获；第三个年轻人一连几天围着果园东看西看，后来他拿了一把泥土送到农科所化验，分析出了泥土的成分、湿度等，用了3年时间培育出与那把泥土一样的土壤……

10年过去了。

第一个年轻人依然每年购买那里的苹果运到大城市销售。但因为当地交通、信息已经发达了，竞争者太多了，他每年赚的钱很少，有时甚至赔钱。

第二个购买树苗的年轻人早已拥有了自己的苹果园，但因为苹果园的土壤不同，长出来的苹果较那个偏僻山镇的苹果有些逊色，但仍然可以赚到相当的利润。

而第三个拿了一把泥土的年轻人，他培育出来的苹果和那里的苹果不相上下，每年秋天都引来无数慕名而来的采购商竞相购买，总能卖到最好的价钱……

每个人身上都有一种伟大的能力，这就是选择的能力。但你要学会去运用这种能力，要选择自己想要的，同时适合自己的方向。同时还要具有一定的目标，持久的行动执行力，梦想才会开花结果。

高尔夫球教练总是教导说：方向比距离更重要。因为打高尔夫球需要头脑和全身器官的整体协调。每次击球之前，选手都需要观察和思考，需要靠手、臂、腰、腿、脚、眼睛等各部位的有效配合进行击球。而击球的关键则在于两个"D"，即方向（Direction）和距离（Distance）。初学者中有不少人只想着把球打远，而忽视了方向的重要性。其实，掌握好方向要比把球打远更重要。

人生就像打高尔夫球，如果方向对了，即使走得慢，也能一步一步接近成功；可是如果方向错了，不仅白忙一场，还可能离成功越来越远。既然正确的方向对我们如此重要，那么如何寻找正确的人生方向，就成了我们必须面对的难题。

那么，怎样才能找到适合自己的人生方向呢？

(1)让心灵指引方向。

在你做某件事情的时候，身边可能有很多人帮你提意见。这些意见是多种多样的，让你一时之间迷失了方向。其实，每一个给你提出意见的人，都是带有一定的自我心理倾向的，他会在不自不觉中想要将他的想法强加给你，或者对你有一定的精神依托。

这个世界上，不会有比你更了解自己的人。所以在寻找人生方向的时候，一定要首先考虑自己喜欢的是什么。只有喜欢，才能有激情，才能在追求理想的过程中感受到幸福和快乐，而不是一想到自己将做什么事情，心里就非常抵触，感觉头痛。

钢琴家郎朗，在他刚开始弹琴时，家里人并不支持，甚至还有些反对，但是他一直在坚持自己的观点，要弹琴，一定要在音乐的领域里实现自己的人生价值。经过多方努力，家人终于不再阻止他，他也成功地走上了世界的大舞台。

选择人生方向时，总会遇到许多的岔路口，但是不管处境有多么艰难，我们都要注意倾听自己内心的声音，让心灵为自己的人生导航。

(2)策划人生具体的方向。

很多人在规划自己人生的时候，容易犯"空"、"大"的毛病。可能我们在想：我要买一座大房子，我要买车，我要开一家自己的公司……但是我们却很少想到为了实现这样的人生目标，具体应该怎么做。

人生策划必须是明确的、清晰的、具体的，还要具有一定的可行性。如果你单单说"我想出人头地"，那么是在哪一方面"出人头地"？怎样的程度才算是你心中"出人头地"的标准？这些我们都必须要想清楚。

(3)人生定位要适当。

人人都有欲望，都想过上美满幸福的生活，都希望能够丰衣足食，这是人之常情。但是，如果把这种欲望变成不正当的欲求，变成无止境的贪婪，那我们就在无形中成了欲望的奴隶了。

在欲望的支配下，我们不得不为了权力、为了地位、为了金钱，而削尖了脑袋往里钻。我们常常感到自己非常累，但是仍觉得不满足，因为在我们看来，很多人的生活比自己富足，很多人的权力比自己大。所以，我们别无选择，只能硬着头皮往前冲，在无奈中透支着体力、精力与生命。

所以，我们在进行人生定位时，一定要量力而为，找到最适合自己的方向，而不是任由自己的欲望支配，始终活在无法实现理想的痛苦里。

"股神"巴菲特说过："在你能力所及的范围内投资，关键不是范围的大小，而是正确认识自己。"所以，想要找准自己的人生方向，就必须先了解自己。

(4)反方向游的鱼也能成功。

人一旦形成了某种认知，就会习惯性地顺着这种定式思维去思考问题，习惯性地按老办法来处理问题，不愿也不会再转个方向去解决问题，这是很多人都有的一种愚顽的"难治之症"。这种人的共同特点是习惯于守旧、迷信盲从，所思所行都是唯上、唯书、唯经验，不敢越雷池一步。而要使问题真正得以解决，我们应改变这种认知，将大脑"反转"过来。

当今社会，大多数企业都喊出了"换个方向就是第一"、"做一条反方向游的鱼"等口号，因为人们已经发现，随着社会竞争越来越激烈，单靠传统的思想与做法是不可能有多少成功的胜算的。所以，掉转方向，开辟一条全新的道路，不失为一种求发展的良策。

1820年，丹麦哥本哈根大学物理教授奥斯特通过多次实验证实存在电流的磁效应。这一发现传到欧洲后，吸引了许多人加入电磁学的研究。英国物理学家法拉第怀着极大的兴趣重复了奥斯特的实验。果然，只要导线通上电流，导线附近的磁针立即就会发生偏转，他深深地被这种奇异现象所吸引。当时，德国古典哲学中的辩证思想已传入英国，法拉第受其影响，认为电和磁之间必然存在联系，并且能相互转化。他想既然电能产生磁场，那么磁场也能产生电。

为了使这种设想能够实现，法拉第从1821年开始做"磁产生电"的实验。几次实验都失败了，但他坚信，从反向思考问题的方法是正确的，并继续坚持这一思维方式。

10年后，法拉第设计了一种新的实验，他把一块条形磁铁插入一个缠着导线的空心圆筒里，结果导线两端连接的电流计上的指针发生了微弱的转动，电流产生了。随后，他又完成了各种各样的实验，如两个线圈相对运动，磁作用力的变化同样也能产生电流。

法拉第10年不懈的努力并没有白费，1831年，他提出了著名的"电磁感应定律"，并根据这一定律发明了世界上第一台发电装置。

如今，法拉第的定律正深刻地改变着我们的生活。

法拉第成功地提出了"电磁感应定律"，是人们通过反方向思考取得成功的一次有力证明。

通常情况下，传统的观念和思维习惯常常阻碍着人们创造性思维活动的展开，而反向思维就是要打破固有模式，从现有的思路返回，从与现在思路相反的方向寻找解决难题的办法。常见的方法是，就事物的结果倒过来思考，就事物的某个条件倒过来思考，就事物所处的位置倒过来思考，就事物起作用的过程或方式倒过来思考。生活实践也证明，逆向思维是一种重要的思考能力，它对人们的创造能力及解决问题的能力的培养具有重要的意义。

8. 选择改变自我心境，而不是改变外界环境

上天赋予了人类同等的欢喜与哀愁，倘若你不懂得用好心情去平衡坏情绪，用新快乐去抚平旧伤痛，那就大大浪费了人类左右情绪的天赋。

　　有一个叫达马奇的人，每次一和人发生争执，就会以很快的速度跑回家去，绕着自己的房子跑上两圈，然后坐在地上喘气。达马奇工作非常勤劳努力，他的房子越来越大，土地也越来越广。

　　但不管房子和土地有多大，只要他因与人争论而生气，他就会绕着自己的房子跑两圈。

　　"达马奇为什么每次生气都要绕着房子跑两圈呢？"所有认识达马奇的人心里都感到疑惑，但是不管他们怎么问，达马奇都不愿意明说。

　　直到有一天，达马奇很老了，他的房子和土地也太大了，他生气时，仍拄着拐杖艰难地绕着房子转，等他好不容易绕着房子走完两圈，太阳已经下山了，他只得独自坐在地上喘气。

　　达马奇的孙子在身边恳求他："阿公！您已经这么大年纪了，这附近的区也没有其他人的土地比您的更广。您不能再像从前一样，一生气就绕着房子跑了。还有，您可不可以告诉我，您一生气就要绕着房子跑两圈的秘密？"

　　达马奇终于说出了隐藏在心里多年的秘密，他说："年轻的时候，我一和人吵架、争论、生气，就绕着房子跑两圈，边跑边想自己的房子这么小，土地这么少，哪有时间去和人生气呢？一想到这里，我的气就消了，把所有的时间都用来努力工作。"

　　孙子又问道："阿公，您年老了，又成了最富有的人，为什么还要绕着房子和土地跑呢？"

　　达马奇笑着说："我现在还是会生气，并且生气时还是会绕着房子跑两圈，边跑边想自己的房子这么大，土地这么多，又何必和人计较呢？一想到这里，我的气就消了。"

　　发现自己有了负面情绪的时候，不能首先把责任推给别人，而必须学会反省，看看自己的心智模式有哪些不妥的地方。只有自己不断"照镜子"，才能更清晰地认识自己，认清自己的优缺点，让自己的潜能发挥得更为出色，更为淋漓尽致。

（1）当有负面情绪（生气、悲伤、郁闷、烦躁）等不舒服的感受时，你要能觉察到，然后告诉自己："哦，这是负面情绪。"这时候，最重要的就是把注意力放在自己的内在，而不是那些引起你负面情绪的人和事物上。

（2）先观察一下你此刻的肢体动作是什么。把注意力放在自己的身体上面，可以让你不至于完全陷入自己的情绪冲突当中。

（3）接下来，试着去看见自己在想什么，就是去观察自己的思想。如果你能够听见内在那个喋喋不休的声音，你就是在观察自己的思想。这时候，请你带着理性和爱去观察它。它只是一种思想，不代表你，不要去批判它，只需看着它。

（4）你此刻有什么情绪？如何观察自己的情绪？有些人连自己生气了都不知道。其实，观察情绪最简单的方法就是去观察自己的身体，因为情绪实质就是身体对思想的一个反应，只不过有的时候还没有觉察到思想，情绪就起来了。感觉自己身体哪里紧绷，胃部是否有不舒服的感觉，心中央是否紧绷或抽痛，身体是否颤抖，这些都是情绪在身上作用的结果。发现它，观察它，允许它的存在，全然地去经历它，不要抗拒。你会发现，你的全然接纳和经历会让坏情绪更快消失，甚至转化为喜悦。

当然，以上做法并不是提倡你将许多愁苦往内心的深处囤积，不是让你外表佯装坚强，内心却五味杂陈。其实，你完全可以找一个自己喜欢的方式悄然释放坏情绪。

一天，陆军部长斯坦顿来到林肯面前，气呼呼告诉林肯，一位少将用侮辱性的话指责他偏袒一些人。林肯建议斯坦顿写一封内容尖刻的信回敬对方。

"可以狠狠地骂他一顿。"林肯说。

斯坦顿立刻写了一封措辞强烈的信，然后拿给林肯看。

"对了，对了。"林肯高声叫好，"要的就是这个！好好训他一顿，真写绝了，斯坦顿。"

但是当斯坦顿把信叠好装进信封里时，林肯却叫住了他，问道："你干什么？"

"寄出去呀。"斯坦顿有些摸不着头脑。

"不要胡闹。"林肯大声说，"这封信不能发，快把它扔到炉子里去。凡是生气时写的信，我都是这么处理的。这封信写得好，写的时候你已经解了气，现在感觉好多了吧？那么就请你把它烧掉，再写第二封信吧。"

林肯的做法，是给自己安上了一堵"防火墙"。烦恼既然来了，坏事既然碰着了，就找一些方法去平衡一下心情的"酸碱值"吧。

(1)藏心事要顾及体内容量。

有人总是将委屈往肚里吞，却不知道要清除体内早就过时，或是已经快要忘记的旧烦恼。有时候，新愁一上心头，旧恨也会跟着牵肠挂肚。越是收藏心事，就越会不快乐。

何不学习一下计算机系统清除垃圾档案的功能。气头上的烦恼稍稍炒作就可，等那些烦恼褪了色之后，就让它们烟消云散吧。找一个心灵的"资源回收桶"，训练一下善于遗忘的本领。没必要让苦闷在我们的人生中永远保鲜，只要记得当下的凄美就可。至于那些心事，保存期限过后，就扔掉它们。

(2)给坏情绪找一个出口。

给坏情绪找一个出口——一个不妨碍别人的出口，让它赶快溜走，而且走得越远越好。否则，坏情绪越积越多，我们就会慢慢被它压垮。而一旦让坏情绪占领我们的全身，我们就会在不堪重负之下匆忙给它一个出口——一个方向对准我们亲人和朋友的出口，结果是伤了别人也毁了自己，一点坏情绪污染了一批人的天空。

(3)我爱我自己。

爱是最伟大的力量，要学会自我情绪的选择。我们知道选择不爱自己的空间，就是选择了恐惧的空间、进攻性的空间、伤心的空间、愤怒的空间等；而选择爱自己的空间，就等于拥有了信任的空间、理解的空间、尊重的空间、感恩的空间等。

在自我情绪管理中，"爱自己"是最有力的方式。通过"爱自己"的方式来改善自己的情绪，请参考以下建议：

①不要宣扬领导与同事之间的过节。

②相信每一个人都希望更好。

③对自己或别人的缺点不去强化。

④在生活中不要随便显露你的情绪。

⑤不要逢人便诉说你的困难与遭遇。

⑥不要一有机会就唠叨你的不满。

⑦永远不要去写自己的伤感日记。

⑧说话不要慌乱，走路要稳。

⑨做任何事情都要有条不紊。

⑩用心做任何事情，因为有人在关注你。

⑪不要用缺乏自信的词句。

⑫不要常常反悔，对已经决定的事不可轻易地推翻。

⑬每天做一件实事。

⑭事情不顺时，请深呼吸，重新寻找突破口。

⑮不要刻意地把朋友变成对手。

⑯对别人的过失、小错误不要斤斤计较。

⑰不要有权力的傲慢及知识的偏见。

⑱做不到的事情不要说，说了就要努力做到。

⑲不玩弄小聪明，因为它会使你走向错误的方向。

9. 别舍近求远，最好的东西就在你的"后花园"里

　　印度河不远的地方住着位波斯人阿里·哈法德，他曾经拥有大片的兰花花园、稻谷良田和繁盛的园林，知足而富有。但是有一天，一位佛教僧侣前来拜访他，向这位波斯人讲述了钻石的魅力。于是阿里·哈法德开始变得不知足，他变卖掉了农场，把家交给邻居，然后踏上了美丽的"钻石之路"。

但是他踏上的却是一条不归路。历经沧桑的寻找结局是：他痛苦万分地站在西班牙巴塞罗那海湾的岸边，怀揣着那位僧侣激起的庞大财富的诱惑，将自己投入了迎面而来的巨浪中，永沉海底。

不过，几十年后的一天，当哈法德的继承人牵着骆驼到花园里去饮水时，突然发现在那浅浅的溪底白沙中闪烁着一道奇异的光芒，他伸手下去摸起一块黑石头，发现石头上有一处闪亮，如彩虹般美丽，原来这就是钻石。他继而又在花园中发现了许多比第一颗更漂亮、更有价值的钻石。

这就是印度"戈尔康达钻石矿"被发现的经过。

哈法德老人寻找了一辈子的钻石其实就在自家的后花园里。

以这个故事为素材，美国演说家鲁塞·康维尔进行了题为《钻石就在你家后院》的著名演讲，他的演讲曾激励起两代美国人在自己的岗位上勤奋耕耘。

一个世纪后的今天，我们再次聆听"戈尔康达钻石矿"的发现经过，在抛开其纯粹的偶然性和传奇色彩后，我们依然会被故事背后的深刻寓意所震撼。

年轻人普遍存在着好高骛远、贪逸恶劳、职业定力不够等现象。一些人总是希望别人家的草地就是自己的，却从不曾仔细关注过自己的脚下，不曾注意自己手头的工作，不曾分析过手头上的工作可能给自己带来的财富。他们每天总是在羡慕别人的工作，甚至感叹成功者的机遇不可复制。

很多人，因为他们自身的成长经历复杂，成长过程几多反复，在更多的时候，他们不是表现出对自己的自信，而是表现出一种茫然，不知所措。他们不能坚定自己的理想，又不能正确地正视现状。他们认识不到态度决定一切，生活本身就是一种乐趣，而他们自己就是乐趣的主人。

如果我们能立足本职，勤勤恳恳、脚踏实地地在实践中摸索，着眼未来，灵感和机遇同样会垂青于我们。这山望着那山高，不想通过努力就企图坐享其成，期待天上掉下馅饼，这样的人永远都不会成功。

须知，厚积才能薄发。如果没有几千次纤维材料的试用失败，爱迪生也找不出新的发光体来延长灯丝的寿命，同样，如果我们不能定下心来踏踏实实做好自己的本职工作，也谈不上能有什么发明与创造。因为那些在工作中有所发现、有所创新的成功人士，无一不是扎根于实践，他们经历多次的失败，在无数次的摸索中才取得了后来辉煌的成绩。

试想，如果哈法德能坚守自己的庄园，不被钻石所诱惑，或许某一天他就能在经营自己的花园时发现钻石，何必像那样搭上性命还一无所获呢？所以我们应该从这个故事中得到启示。不要以为机会像一个常到你家里来的客人，他在你门前敲着门，等待你开门把他迎接进来。恰恰相反，我们多数人的毛病是，当机会朝我们冲奔而来时，我们却兀自闭着眼睛。很少人能够去主动追寻那些机会，甚至在被机会绊倒时，他们还在想自己的机会在哪里。

在森林中，一头饥肠辘辘的狮子正在觅食，它看到一只熟睡中的野兔，正想把兔子吃掉时，却又看到了一只鹿从旁边经过。狮子想，鹿肉要比兔肉实惠多了，便丢下兔子去追捕鹿。但无奈，由于狮子太过饥饿，导致体力不支，它没有追上鹿。

等狮子放弃了那只鹿，回到原地找兔子的时候，兔子也不见了。狮子难过地自言自语道："我真是活该，放着眼前的食物不吃，偏要去追鹿，结果这两样都没有得到。"

机会就摆在狮子的面前，它只要一张嘴就可以吃到美味的食物，可是它偏偏放弃了到嘴的美食，而去追捕难以得到的猎物。这个世界上，不正是有很多像狮子这样的人吗？他们放弃眼前的事物，去追寻虚无缥缈的东西，最终等他们醒悟、回过头来的时候，曾经摆放在眼前的东西，也早已经不见了。

李明是一名外企职员，他兢兢业业，工作十分努力，业绩提升得很快。部门经理十分欣赏他，打算提拔他为部门副经理。可是李明却有自己的打算，他觉得在这家公司已经发展到尽头了，再待下去也没有多大意思了，便想着跳槽。

在有了跳槽这个念头后，李明对工作便没有以前上心了，隔三岔五地请假去面试，工作还老出错。后来，经理看到他这样，便打消了提拔他的念头。

之后，李明虽然屡屡去面试，却一直没有找到比现在更好的工作。但他已经放出话去，说要走人了，再待在公司也感觉很不好意思。迫于脸面的压力，李明还是把辞职信放在了经理的办公桌上，虽然他只得到了一家非常小的公司的应聘回复。

经理看着李明，平静地从抽屉里拿出一份文件。李明打开一看，大吃一惊，原来是经理推荐他当副经理的文件。此时的李明后悔不已，因为副经理的待遇不但会使他的工资提升一大截，工作范围也更加广泛。

李明狼狈地离开了公司。他总想去别处寻找发展机会，却忽视了眼前的机会，导致机会白白溜走。

人们总说"外来的和尚会念经"。在人们的印象中，似乎只有那些从国外镀金回来的和尚，才能取得真经。但其实这是一种错误的看法。

联想神州数码有限公司执行副总裁、科技发展公司总经理林杨，却是因在国内的"镀金"，才在事业上取得了卓越的成就。

1966年9月出生在福建省福清市的林杨，似乎并没有什么特别之处。但在1979年进入北京八中读书后，他的生活却发生了很大的转变。

当时北京八中是一所非常开放的学校，学校的教育目标不是要培养出多少个科学家，而是重视对学生综合能力的培养。在这种环境中接受高中教育的林杨很早就有了不同一般的思维，明白了不应该"唯学习论"，而是要全面发展，要看到一般表面下更深层次的东西，应该抓住关键所在，不应该"死学习"。中学阶段是一个人性格形成的重要时期，因此北京八中的教育生活对林杨的影响很大。

但最让他受益的却是他的大学阶段。1984年9月，林杨进入西北电讯工程学院计算机通信专业，开始了他的大学生活。到了大学读书，林杨有了更多自由支配的时间，在吸收老师所讲的重点知识的基础上，他总是喜欢自己主动去思考和挖掘边边角角的问题。由于所学专业是知识更新迅速的通信专业，所以为了生存和发展，他总是不满足于获得一定的知识，而是在学习中不断摸索和掌握多种获取知识的有效方法，这使他的自学能力不断提高。通过实践的锻炼和阅读面的不断扩大，林杨的动手能力和个人综合素质获得了全面的提高。如今，时间已经过去了20多年，每当林杨谈起自己的大学学习，总是十分得意于自己的刻苦努力和一套行之有效的学习方法。

太多的人终其一生在等待一个完美的机会自动送上门，或者是千辛万苦地去寻找这个合适的机会，以便他们可以拥有光荣的时刻。直到他们了解"机会要留给善于发现机会的人"时，已经晚了。

事实不正是如此吗？在生活中，我们常常会舍近求远，到别处去寻找发展机遇。而往往机遇就在我们的身边，在我们的心里。

10. 要学会放弃，但不轻言放弃——放弃之前要做好选择

大发明家爱迪生曾说："我从来不做投机取巧的事情。我的发明除了照相术，没有一项是由于幸运之神的光顾。一旦我下定决心，知道我应该往哪个方向努力，我就会勇往直前，一遍一遍地试验，直到产生最终的结果。"

坚持不懈，不轻言放弃，不应该是一时的冲动，而是需要养成一种习惯。养成不轻言放弃的习惯，会让你慢慢变得坚强，不把事情做完的话，你就会感到自己像只没有志气的"懒虫"。如果你不敢肯定能不能把工作完成，就很难开始做另外一件新的事情。这是很重要的一点。因为你现在从事的工作可能只花几个小时就能完成，也可能要花许多年。但不管用多少时间，你都得面临一个问题——是完成这件工作呢，还是放弃它？

那么，你最好一开始就弄清楚自己是不是真的想要去完成这个任务，它是不是你有能力去完成的，要不然你何必花这些心力和体力呢？

如果你是某一领域的专业人士，你的成功目标就是成为这一领域的泰斗，那么就不能是简单地把计划完成，你必须把作品展示出来，接受别人的评点。不要把你的小说只给一家出版社看，如果这一家出版社没接受，就全盘放弃。你必须一直努力，把自己的小说寄给很多家出版社，一定要给自己的作品创造充分展示的机会。如果你为了完成这个计划已经付出了很多，那就坚持下去，最艰难的时候，往往是离成功最近的时候。告诉自己，既然选择了，就不要轻言放弃。说服自己，这就是最适合你的。

另外，不要轻易放弃做好人的信心。在现实生活中，有许多东西需要我们珍惜，需要我们不轻言放弃。人类社会之所以充满温情，在于主流社会推崇真、善、美。做好人，才会感到内心自在，你的生命里才会洋溢着自由和幸福。

还有，绝对不要轻易放弃对自己的尊重。我们常常在镁光灯下看成功人士的无限风光，时时感叹——为什么别人那么成功，自己却这么不济？造物主怎能如此的不公，将美丽、智慧、健康通通馈赠给了别人，而自己却这么倒霉。真的如此吗？人人有本难念的经。成功人士的内心其实也有很多痛楚，他们也不总是春光满面。只是，经过剪辑、屏幕过滤，以及"蒙太奇"的技术化处理后，我们通常只能看到那些闪光点，只能看到他们"要风得风，要雨得雨"的样子，只能看到他们的青春靓丽和倜傥风流。往往在他们发生意外时，我们才发现原来他们也与我们一样。

第三，不要轻易放弃自己的梦想。总能看到或听到一些人少年得志，十几二十岁便红遍大江南北，出入有宝马，居家住别墅，贴身带随从。尤其是在这个信息发达的时代，许多风光的艺人、运动员们，他们竟然比我们大多数人都年轻，而名声抑或财富却比我们要多得多。对此，我们可以祝贺与赞赏，却没必要羡慕，更没必要自惭形秽。人生的目标不同，每一个人的人生都自有它的前进轨迹。古语说："太公八十遇文王，老不老；甘罗十二为丞相，小不小。"保持一种恬淡的心态，从容地面对生活，自在即是成功。

第四，不要轻易放弃为这个时代而努力。我们看到历史上有不少时代都群星璀璨、英雄辈出，而自己身处的时代，为什么凡夫俗子如此之众？于是慨叹这是一个大师匮乏的时代。别难过，也不要发慌。逝去了那么好的岁月，大浪淘沙，沉淀下来的历史河床中，我们自然能看见"大鱼"。我们在自己所处的河流中冲浪，看见的必定多是"小虾"。每个时代都能产生自己的英雄，若干年后，当后人检索我们所处的时代时，同样会赞叹这个时代的伟大。

当然，如果执着已久的目标一直没有出现半点成功的迹象，甚至根本不可能成功，你只是碍于面子不好意思放弃，那就大胆些，改变自己，尽管去放弃。

英国著名诗人济慈本来是学医的，后来发现了自己有写诗的才能，就当机立断，放弃了医学，把自己的整个生命都投入到写诗当中。他虽然只活了二十几岁，但他却为人类留下了许多不朽的诗篇。

伽利略原本是被送去学医的。但当他被迫学习解剖学和生理学的时候，他却偷着学习欧几里得几何学和阿基米得数学，偷偷地研究复杂的数学问题，当他从比萨教堂的钟摆上发现钟摆原理的时候，他才刚满18岁。

罗大佑的《童年》、《恋曲1990》等经典歌曲影响和感动了一代人。罗大佑起初也是学医的，后来他发觉自己对音乐情有独钟，所以他弃医从乐——事实证明他的选择是对的。

俄罗斯著名的男低音歌唱家夏里亚宾也曾有此遭遇。十几岁的时候，他来到喀山市的剧院经理处，请求经理听他唱几支歌，让他加入合唱队。但他正处在变音阶段，结果没被录取。过了些年，他已成了著名歌唱家。一次，他遇到了高尔基，和这位作家谈起了自己青年时代的遭遇。高尔基听了，出乎意料地笑了。原来就在那个时候，他也想成为该剧团的一名合唱演员，而且……被选中了。不过，他很快就明白，自己根本没有唱歌的天赋，于是又退出了合唱队。

所以，除了坚守，我们也要学会放弃，放弃你不想做的事。我们要学会选择，选择你喜欢并擅长做的事。只是在放弃之前，一定要先问自己是否找到了更好的站台。

总而言之,随时准备放弃,但不轻言放弃。这样你就能做到在每一次放弃之前,都要深思熟虑一番;就会做到慎重面对每一次的放弃,减少日后不必要的后悔。

放弃自己不需要的,放弃不属于自己的,放弃那些错误的选择,在自己的人生道路上找到适合自己的人生坐标。只有这样,你才能够充分发挥自己的聪明才智,改变你这辈子的命运,从而到达成功的彼岸。

第三章 >>>>>

放低姿态,要生存就要学会"人情世故"

生活中,无论做任何事情,都必须依靠人与人之间的交往与互助完成。人与人之间离不开互求互助、互帮互援。当人与人之间相互友爱、互相帮助依赖时,我们就生活在天堂里,反之,我们就去了地狱。你会选择住在地狱还是天堂?

1. 放下所谓的"面子",解决问题才是首要

生活对人们说:"你必须求人。"

战国时期,有个名叫许行的楚国人来到滕国,他和自己的几十个门徒穿着粗麻织成的衣服,靠编草鞋、织席谋生,以能自耕自足,不求他人为乐,并据此指责滕国的国君不明事理。因为在许行看来,人不能依赖别人,不能向人求助。所以身为一个真正贤明的国君,他既要替老百姓服务,同时还要和老百姓一样自耕自食;如果自己不耕种而要别人供养,那就不能算作是贤明的国君。

一个叫陈相的人把许行的所作所为及其主张告诉了孟子。

孟子问陈相："许行一定只吃自己耕种收获的粮食吗？"

陈相回答："是的。"

孟子接着又问："那么，许行一定自己织布才穿衣吗？他戴的帽子也是自己做的吗？他煮饭的铁甑都是自己亲手浇铸的吗？他耕作用的铁器也都是自己亲手打制的吗？"

陈相回答说："都不是的。这些物品都是他用米、草鞋、草席这些东西换来的。"

孟子说："既然是这样，那就是许行自己不明白事理了。"

孟子和陈相的对话，明白地指出我们的衣、食、住、行，等等，只要我们想在社会上生存下去，就必须有求于人，即使你拥有上亿财产，也不见得买得到你真正想要或需要的东西。

很多人信奉"万事不求人"或"求人不如求己"的原则，认为请求别人帮助是自己无能的表现，似乎有些丢脸。这种看法是偏颇的。人与人之间的互相帮助是生存与生活的必然现象，而非"无能"或"丢脸"。因此要找人办事，就必须学会求人，就必须要"打死心头火"。如果像张九成那样一听到对方的话不对自己胃口，马上就"火冒三丈"，这样是难以悟到求人成事的要义的。

要求人，脸皮薄可不行。所谓"人在屋檐下，不得不低头"。求人成事，脸皮薄、放不下清高的架子是不会成功的。

如美国著名企业家艾科卡的故事。

20世纪80年代，艾科卡由于遭人嫉妒和猜忌被老板免去了福特汽车公司总经理的职务。面对打击，他没有消沉，而是立志重新开创一片天地。为此，他拒绝了数家优秀企业的招聘，而接受了当时濒临破产的克莱斯勒公司的邀请，担任总裁。

到任后，他首先实施以品质、生产力、市场占有率和营运利润等因素来决定红利的政策。他规定主管人员如果没有达到预期的目标就扣除

25%的红利；他还规定在公司尚未走出困境之前，最高管理阶层各级人员减薪10%。

这一措施推出后，有人反对，有人赞成。反对的人是公司的元老，他们认为这样做损害了他们的利益。艾科卡冷静地对待这一切，并且自己只拿一美元的象征性年薪，让反对他的人无话可说。

为了争取到政府的贷款，艾科卡四处游说，到处找人，求人，接受国会各小组委员的质询。有一次，由于过度劳累，导致他眩晕症发作，差点晕倒在国会大厦的走廊上。为了求人成功，艾科卡把这一切都忍了下来。终于，他领导着克莱斯勒公司走出了困境。到1985年第一季度，克莱斯勒公司获得的净利高达五亿多美元。艾科卡也从此成为美国的传奇人物。艾科卡之所以能取得巨大的成功，其秘诀就是"打死心头火"。

然而这里的"心头火"指的是一个人高傲的自尊，而不是那种为了目标努力耕耘、勇往直前的热情。

求人时最忌讳的便是因为面子问题而发怒。发怒的结果非但不能解决问题，反而得罪了能帮助你的人。求人遭遇刁难时，不妨先按捺住自傲的火气，拿出你的热忱，让别人看见你真正的需要，让别人了解你的目的。张三拒绝了你，不妨找李四，李四拒绝了你，再找王五，总会找到肯帮助你的人。千万别为了一时的面子，而忘了求人的真正目的是"解决问题"

当然，我们提倡的"放下面子"，并不是让你弯腰驼背，低三下四，只是让你放下"不必要"的面子，大胆地跨出去。

唐代诗人白居易16岁到长安应试，向当时的名士，也是著名的诗人——顾况求助，希望对方能推荐自己。

当时，白居易还只是一个无名小辈，地位已经很高的顾况自然瞧不起这个年轻人。一看见白居易姓名中的"居易"二字，顾况就嘲笑他说："长安米贵，居不大易。"

顾况言下之意是非常明显的，就是我为什么要帮助你这个无名小辈呢？并且帮助你在长安成名又有什么意义呢？但当顾况接着看白居易递上去的诗作，翻阅到其中《赋得古原草送别》一首时，不由得精神顿时清爽起来。

离离原上草，一岁一枯荣。
野火烧不尽，春风吹又生。
远芳侵古道，晴翠接荒城。
又送王孙去，萋萋满别情。

这首诗写得极有气势，把自然界的草木荣枯与人生的离合悲欢联系起来，特别是"野火烧不尽，春风吹又生"一句，表现出一种饱受摧残，而仍然不屈不挠、奋发豪迈的精神。见此，顾况不由得击节赞叹，改口称赞说："有才如此，居亦易矣！"顾况认为白居易是个值得自己帮助的青年，于是答应了白居易的求助，帮助白居易广交长安名人雅士，并在仕途上助他一臂之力。

白居易以不卑不亢的态度，用过人的才华为自己赢得了成功的机会。求人时，不妨想想你有什么地方值得让人帮助你的。向人借钱，是不是该让他知道你有多少还钱的实力？向人求工作，是不是该让他知道你的工作能力能为他带来多少利润？向人求爱，是不是该让对方晓得你值得对方爱的优点？

求人不必总是低声下气，但也用不着狂妄自大。如果你是求人时的强者，则完全没有必要摆出居高临下的样子，而应该表现出自己的平易近人，要开朗、热情、主动，要目中"有人"，尊重对方，再配上微微一笑，使对方感到亲切而温暖；这样，就会给双方创造出一种友好亲切的气氛，解除那些由于你的身份、你的背后的权力与经济实力加在对方头上的沉重压力。总之，身为强者的你应该放下架子，以缩短双方的距离，激发双方思想感情上的共鸣，以谦和的态度赢得对方信任，并达到自己求人成事的目的。

而作为地位比对方低的求人成事者，则应该不为对方的权势所动，不为对方的身份、地位所左右，克服畏惧、紧张、羞怯、遮掩的不良心态，大胆地表明自己的来意。应使自己振作起来，以一种"人对人"的不卑不亢态度来与对方会谈，尽可能地展示自己的才华，这样才能在求人成事时获得成功。

2. 学会在适当的时候，保持适当的低姿态

"万事不求人"，只能显示你内心的脆弱。你求人帮助时表现出低姿态，只是向对方说明在这件事情上，你的实力不如对方，你需要对方的帮助，与你的尊严无关。

自古以来，凡成功者都懂得放低姿态。

周文王弃王车陪姜太公钓鱼，从而灭商，建周，成为一代君王；刘备三顾茅庐拜得诸葛亮为军师，促成三国鼎立。这些都是我们耳熟能详的故事。如果没有周文王及刘备的低姿态，他们哪能求得赫赫成绩，从而流芳百世。

有一位博士在找工作时，被许多家公司拒之门外，万般无奈之下。博士决定换一种方法试试。他收起所有的学位证明，以一种最低的身份再去求职。不久，他被一家电脑公司录用，做了一名最基层的程序录入员。没过多久，上司就发现他才华出众，竟然能指出程序中的错误，这绝非一般录入员所能比的。这时，博士亮出了自己的学士证书。于是老板给他调换了一个与本科毕业生对口的工作。过了一段时间，老板发现他在新的岗位上也游刃有余，能提出不少有价值的建议，这比一般大学生高明，这时博士亮出自己的硕士身份，老板又提升了他。有了前两次的经历，老板也比较注意观察他，发现他还是比硕士有水平，就再次找他谈话。这时博士拿出博士学位证明，并说明了自己这样做的原因。老板恍然大悟，毫不犹豫地重用了他。

在社会上对人低头，有时是你的生活方式或工作方式中的一种。它与你的道德和气节毫无关系。当你遇到一扇很低的门的时候，你昂首挺胸地

过去，肯定要把脑袋碰一个包。明智的做法只能是弯一下腰，低一下头，让那扇很低的门显得比你高就成了。

你需要找工作，需要调动工作，需要开拓更广泛的人际关系，在这所有的活动之中，你可能都处于一种求人的地位，处于一种必须表现低姿态的格局之中。

在这种情况下，必须首先学会低姿态。如果你放低姿态后却老想着别人可能会很傲慢地对待你，会轻视你，会对你视而不见，甚至会侮辱你，把你赶出门去……这样你就容易退缩，就丧失了勇气。正因为如此，你可能就打出了"万事不求人"的招牌，宁可忍受不办事的后果，忍受不办事的麻烦，把事情搁置起来，也不去求助于人。这说明你是脆弱的。你怎样看待你自己是一回事，别人怎样看待你却又是另一回事。你应该把别人怎样看待你和你自己怎么看待自身的价值分开。

当你求助于人的时候，你内心的精神支柱应是你内在的尊严，而你内在的尊严是完全摆脱他人对你的看法和评价而独立存在的。你的内在的尊严是你对你自己生命价值的肯定，它和别人的看法无关。

你去求助于别人，并不说明别人比你更有价值，或说明别人比你更有尊严。它只说明：在你要办的这件事上，别人由于种种原因，比你有更多的主动权。因为主动权操之于人，所以你要表现出低姿态。你表现出了低姿态，只是向对方说明在这件事情上，你的实力不如对方，你需要对方的帮助，并不说明你的人格低贱。

你有你自己的优势，而在你实力不足的领域之中，你就需要求别人办事以解决自己的问题。正如你找医生看病要付钱一样，你找别人办事就要付出一定的外在面子，这是你向对方显示低姿态的一种具体的代价。

如果你想把事情做成，就得以一种低姿态出现在对方面前，表现出谦虚、平和、朴实、憨厚，甚至愚笨、毕恭毕敬，使对方感到自己受人尊重，自己比别人聪明，那么在谈事时对方就会放松警惕。当事情明显有利于你的时候，对方也会不自觉地以一种高姿态来对待你。

其实，你以低姿态出现只是一种表象，是为了让对方从心理上感到一种满足,使对方愿意合作。实际上,越是表面谦虚的人,就越是非常聪明的人,越是工作认真的人。当你表现出大智若愚来,使对方陶醉在自我感觉良好的气氛中时,你就已经"受益匪浅",并已经完成了工作中很重要的那一半了。

你谦虚时,就显得他高大;你朴实和气,他就愿意与你相处,认为你亲切、可靠;你恭敬顺从,他的指挥欲就得到满足,认为与你很合得来;你愚笨,他就愿意帮助你。这对你是非常有利的。相反,若你以高姿态出现,处处高于对方,表现出咄咄逼人的态度,对方心里就会感到紧张,同时做事就没数了,而且对方还会对你产生一种逆反心理。因此,为了把事情办成,不妨常以低姿态出现在别人面前。

学会在适当的时候,保持适当的低姿态,绝不是懦弱的表现,而是一种智慧。放低姿态,既是一种生活态度,也是一种作为。学习谦恭,学习礼让,学习盘旋着上升,这既是人生的一种品位,也是一种境界,能让我们脚踏实地地攀上成功的高峰。

3. 看菜吃饭、量体裁衣——要了解办事对象

鬼谷子曾经说过:"与智者言依于博,与博者言依于辩,与辩者言依于事,与贵者言依于势,与富者言依于豪,与贫者言依于利,与战者言依于谦,与勇者言依于敢,与愚者言依于锐。""说人主者,必与之言奇,说人臣者,必与之言私。"

有病不能乱投医,求人办事之前,一定要对办事对象的情况作客观的了解。只有知己知彼,才能针对不同的对手,采取不同的会谈技巧。办事时要见什么人说什么话,说话不看对象,就达不到求人办事的目的,就不能顺利地把事情办好。因此在求人办事的过程中,一定要根据各种人的身份地位、性格爱好和其心理采取不同的处理方式,并把握分寸,才能把事情办好。

有个叫刘至的人在吏部做官，提拔了很多同乡人。魏明帝察觉之后，便派人去抓他。刘至的妻子在他即将被带走时，赶出来告诫他说："明主可以理夺，难以情求。"意思是让他向皇帝申明道理，而不要寄希望于哀情求饶。因为，依皇帝的身份地位，是不可能随便以情断事的。皇帝以国为大，以公为重，只有以理断事和以理说话，才能维护好国家利益和他作为一国之主的身份地位。

于是，当魏明帝审讯刘至的时候，刘至直率地回答说："陛下规定的用人原则是'唯贤是举'，我的同乡我最了解，请陛下考察他们是否合格，如果他们不称职，臣愿受罚。"魏明帝于是派人考察刘至提拔的同乡，发现他们倒都很称职。最后，魏明帝将刘至释放了，还赏了他一套新衣服。

说话要考虑对方的身份地位。刘至提拔同乡，根据的是朝廷制定的荐举制度。不管此举妥不妥当，它都合乎皇帝在其身份地位上所认可的"理"。刘至的妻子深知跟皇帝难于求情，却可以"理"相争，于是叮嘱刘至以"举尔所知"和用人称职之"理"，来规避提拔同乡、结党营私之嫌。

求人办事，除了要考虑对方的身份以外，还要注意观察对方的性格。一般说来，一个人的性格特点往往通过他自身的言谈举止、表情等流露出来，如那些快言快语、举止简洁、眼神锋利、情绪易冲动的人，往往是性格急躁的人；那些直率热情、活泼好动、反应迅速、喜欢交往的人，往往是性格开朗的人；那些表情细腻、眼神稳定、说话慢条斯理、举止注意分寸的人，往往是性格稳重的人；那些安静、抑郁、不苟言笑、喜欢独处、不善交往的人，往往是性格孤僻的人；那些口出狂言，自吹自擂，好为人师的人，往往是骄傲自负的人；那些懂礼貌、讲信义、实事求是、心平气和、尊重别人的人，往往是谦虚谨慎的人。对这些不同性格的谈话对象，一定要具体分析，区别对待。

《三国演义》中，马超率兵攻打葭萌关的时候，诸葛亮私下对刘备说："只有张飞、赵云二位将军，方可对敌马超。"这时，张飞听说马超前来攻关，主动请求出战。诸葛亮佯装没听见，对刘备说："马超智勇双全，无人可敌，除非往荆州唤云长来，方能对敌。"张飞说："军师为什么小瞧我！我曾单独抗拒曹操百万大军，难道还怕马超这个匹夫！"诸葛亮说："马超英勇无比，天下的人都知道，他渭桥六战，把曹操杀得割须弃袍，差一点丧命，绝非等闲之辈，就是云长来也未必能战胜他。"张飞说："我今天就去，如战胜不了马超，甘愿受罚！"诸葛亮看"激将"法起了作用，便顺水推舟地说："既然你肯立军令状，便可以为先锋！"

性格有时会影响做事的效果。诸葛亮针对张飞脾气暴躁的性格，常常采用"激将法"来说服他。每当遇到重要战事，先说他担当不了此任，或说怕他贪杯，酒后误事，激他立下军令状，从而增强他的责任感和紧迫感，激发他的斗志和勇气，扫除他的轻敌思想。

我们在办事时，被求者的情况有种种不同，如对方的兴趣、爱好、长处、弱点、情绪、思想观念等，这些都是需要注意的内容。但一个人的身份与性格无论如何是很重要的"情况"，不得不优先注意。因此，我们在求人办事之前，一定要对办事对象的情况作客观的了解。

比如，那些知识高深的对象，他们对知识性的东西抱有极大的兴趣，不屑听肤浅、通俗的话，应充分显示你的博学多才，多作抽象推理，致力于对各种问题之间内在联系的探讨。

从语言了解对方，是取得胜利的关键。我们可以从对方言谈的微妙之处观察其性格特征和内心活动。在谈吐中常说出"果然"的人，他们自以为是，强调个人主张；经常使用"其实"的人，他们希望别人注意自己、任性、倔强、自负；经常使用"最后怎么怎么"一类词汇的人，大多是其潜在的欲求未能得到满足。

说话前还要揣摩对方的心理。通过对方无意中显露出来的态度及姿态了解对方的心理，有时能捕捉到比对方语言表露更真实、更微妙的思想。例如，对方抱着胳膊，表示他在思考问题；对方抱着头，表明他一筹莫展；对方低头走路，步履沉重，说明他心灰意冷；对方昂首挺胸，高声交谈，是自信的流露。如果一位女性一言不发，只是揉搓手帕，说明她心中有话，却不知从何说起。真正自信而有实力的人，反而会谦虚地听取别人的讲话。如果一个人经常抖动双腿，常常是他内心不安、苦思对策的举动，若是双腿轻微颤动，就可能是他心绪悠闲的表现。

对办事对象的了解，不能停留在静观默察上，还应主动侦察，采用一定的侦察对策，去激发对方的情绪。这样才能够迅速准确地把握对方的思想脉络和动态，从而顺其思路进行引导，促使谈话成功。

4. 相信就是力量，用信任赢得好人缘

相信就是力量，人与人之间的信任有时能发挥与信仰相同的爆发力。

战国时期，魏文侯派乐羊攻打中山国时，当时就有人劝魏文侯说："乐羊的儿子乐舒在中山国位居高官，怎么能让乐羊担任大将？"

魏文侯经过考虑后，决定还是派乐羊去。

乐羊到中山国后，驻兵三月未攻，因为当时中山国君屡次让乐舒去找乐羊，要他延缓进城。消息传到魏国，大臣怨声鼎沸，而魏文侯却对乐羊深信不疑。

乐羊不攻城，其实有他自己的道理："我要让中山国的百姓看到他们的国君是怎样的不讲信用。"后来，中山国国君为了胁迫乐羊，把他儿子煮成肉羹，差人送给乐羊。乐羊坐在军帐里端着肉羹吃了起来，一碗吃尽了，立刻下令攻城。

中山国国君这样的举动让百姓大失所望。乐舒并未背叛他，而且还成功地让乐羊延缓攻城，让他有时间与大臣们商议对策。但中山国国君却反而杀了乐舒，还残忍地将他煮成肉羹送入他父亲的口中。中山国的百姓知道了自己的国君如此对待对国家有功的乐舒，便知道他根本不可能保全自

己一家大小的安全。

由于中山国国君失去了百姓的信任，所以一战即败，魏军迅速占领了中山国。

乐羊凯旋时，魏文侯亲自出城迎接，还大摆宴席为他庆功。在宴席上，魏文侯赐给乐羊两箱礼物。乐羊回家打开箱子一看，发现箱子里全是大臣们弹劾他的奏章。

第二天，乐羊就前去谢恩。

魏文侯说："我知道，只有你才能担当这一重任。"

以上就是著名的"乐羊不攻城"的故事。信任的力量在这个故事中产生了两极化的结果：中山国因此亡国；魏文侯因此得一忠诚猛将。魏文侯如此信任乐羊，是因为他对乐羊有充分地了解。但是，在我们求人与助人的过程中，如果信任那些自己不了解的势利小人，则会给自己带来无穷的祸害，就如同故事中可怜的乐舒。

但是如何能够知道哪些人是足以信任的，哪些人又是不能信任的呢？不妨看看汉朝的汲黯是怎么分辨的。

汉武帝的大臣汲黯是个威武不屈的忠义之臣。在他位居高官时，许多人到他的家里来拜访，向他求助。他家里常常高朋满座，家里的门槛都被踏坏了。

后来由于汲黯直言上谏激怒了汉武帝，被免去了官职。这时，他过去的那些朋友一个也不来了，家门前可谓门可罗雀。不仅如此，那些朋友还在背后恣意攻击他，把他过去对他们说的知心话广为传播，四处败坏他的声名。

后来，汲黯官复原职，一些中断来往的"昔日"朋友又想来拜会他，向他求助。结果，当然遭到了他的愤然拒绝，因为他已尝到信任这种势利小人的苦头，不想再重蹈覆辙。

能够在危难时不离不弃并伸出援手的朋友，才是足以信任的。魏文侯之于乐羊是这样，汲黯的"昔日朋友"之于他，更是告诉我们，怎样的朋友才是可以信任的。

忠诚待人，才会对人有信用，在你需要帮助的时候，就可以利用这种信任。就像你把上次借来的财物及时归还他人，必然能获得他人下次的援助一样。这就是人们常说的："有借有还，再借不难。"如果你借钱不还，谁还会再借给你？

求人时，自己既要守信用，同时也要信任那些忠诚的人，那些经过长期考验、值得依赖的人，同时不轻信势利小人，你才能在适当的时候得到适当的帮助，避免祸害、万事亨通。

"君子一言，驷马难追"，讲的是做人的诚信问题。一个不讲信用的人，是为人所不齿的。现在的生意场上，很多公司、企业都做广告，做宣传，就是为了树立公司、企业在公众中的形象，就是想提高公司、企业的信用度。公司、企业的信用度高了，自然会促成生意的成交。

人无信不立。信用是个人的品牌，是办事的无形资本。有形资本失去了，还可以重新获得，而无形资本失去了，就很难再重新获得了。无论在任何情况下，都不能透支无形资本。

诸葛亮有一次与司马懿交锋，双方僵持数天，司马懿就是死守阵地，不肯向蜀军发动进攻。诸葛亮为安全起见，派大将姜维、马岱把守险要关口，以防魏军突袭。

这天，长史杨仪到帐中禀报诸葛亮说："丞相上次规定士兵100天一换班，今已到期，不知是否……"诸葛亮说："当然，依规定行事，交班。"众士兵听到消息，立即开始收拾行李，准备离开军营。忽然，探子报魏军已杀到城下，众士兵一时慌乱起来。

杨仪说："魏军来势凶猛，丞相是否把要换班的4万军兵留下，以退敌急用？"诸葛亮摆手说："不可。我们行军打仗，以信为本，让那些换班的士兵离开营房吧。"众士兵闻言，感动不已，纷纷大喊："丞相如此爱护我们，我们无以报答丞相，决不离开丞相一步。"蜀兵人人振奋，群情激昂，奋勇杀敌。魏军一路溃散，败下阵来。

诸葛亮向来恪守原则，换班的日期来到，即毫不犹豫地交班，就是司马懿来攻城也不违反原则。他以信为本，诚信待人，终于完成了他的"杰作"。

顾炎武曾以诗言志，"生来一诺比黄金，那肯风尘负此心"，表达自己坚守信用的态度。言必信，行必果。不但是对人的尊重，更是对己的尊重。

当朋友托我们给他办事时，我们提供一点帮助，是在情理之中。但是，办事要量力而行，不要做"言过其实"的许诺。因为，诺言能否兑现，除了个人努力的程度外，还受客观条件的制约。平时可以办到的事，由于客观环境变化了，一时又办不到，出现这种情形是常有的事。因此就需要我们在朋友面前不要轻率地许诺，更不能明知办不到的事还"打肿脸充胖子"，在朋友面前逞能，许下"寡信"的"轻诺"。

当你无法兑现诺言时，不仅得不到朋友的信任，还会失去更多的朋友。

有一个年轻人在银行工作。他过去的老师想开一家公司，却缺少资金，便去问他能不能帮忙贷款。年轻人想："这是老师第一次找自己帮忙，怎么能拒绝呢？"当即一口答应。可是，他毕竟刚参加工作不久，还没取得说话的资历，老师的贷款请求又不完全合乎规章，所以，当老师租好门面，请好员工，等着资金开业时，他这里却拿不出钱来，把老师搞得很被动。老师大怒，责备他说："你这不是捉弄我吗？你即使不想帮我，也不该害我！"他能说什么呢？只好苦笑而已。

有些人是由于不好意思拒绝别人，而向他人承诺。而有些人则喜欢胡乱吹嘘自己的能力，随随便便向别人夸下海口，承诺自己根本办不到的事情，结果不但事情没有办成，自己的人缘也搞臭了。

某厂职工小明，经常向同事炫耀自己在市房管所有熟人，能办房产证，而且花钱少、办事快。开始人们还信以为真，有些急于办理房产证的同事便交钱相托。但时过多日，同事不见回音，便来问小明，只听小明说："近来人家事儿太多，再等等。"拖的时间长了，同事对小明的办事能力产生怀疑，便向他要钱。小明找理由说："谋事在人，成事在天。懂不懂？你的事儿虽然没办成，可我该跑的跑了，该请的请了，你不能让我为你掏腰包吧？"言下之意，钱没了。

从此以后，再也没人信小明的话了，以至于大伙在闲暇聊天时，只要小明往人群里一站，大伙好像有一种默契似的，始而缄默不语，继而纷纷散去。

既然已许下诺言，那就无论刀山火海都不能反悔，你不能言而无信。

所以，干脆不要轻易向人承诺。不轻易向人许诺你可能办不到的事，这是不失信于人的最好方法。

要获得守信的形象并不容易，最要紧的一条是，别答应你无法兑现的事。这不仅是一个主观上愿不愿意守信的问题，也是一个有无能力兑现的问题。你经常答应别人那些自己无力完成的事，当然会使别人一次又一次地失望了。

一个商人临死前告诫自己的儿子："你要想在生意上成功，一定要记住两点：守信和聪明。"

"那么什么叫守信呢？"儿子焦急地问。

"如果你与别人签订了一份合同，而签字之后你才发现你将因为这份合同而倾家荡产，那么你也得照约履行。"商人接着说。

"那么什么叫聪明呢？"儿子又问道。

"不要签订这份合同。"商人回答。

将守信理解为一种品德，则较难坚持；将守信理解为一种回报率很高的长期投资，则比较容易变成人们的一种自觉的行动。当你获得了一个守信用的形象时，你会获得越来越多人的信任，从而会为你带来越来越多的机会，就好似拥有了一座金矿。反之，缺此一条，不管你其他方面再优秀，也难成大器。

下面几个小要诀，会让你在工作中赢得好人缘。

(1)不要随意抖落隐私。尤其是当你的生活出现危机时，比如失恋了，跟老公吵架了等，可千万别在办公室里随便找个人诉"苦水"。如果你的工作出现了危机，比如老板交给你的任务太艰巨，对老板、同事有意见等，更不应该把同事作为倾诉对象。不过，需要注意的是，在工作中互帮互助、团结协作、真诚待人是必要的。毕竟能够在一起共事也是一种缘分，而且，对一个团队来讲，这些都是通往优秀的基础条件。

(2)要有人情味。当同事身处逆境时，你应该伸出援助之手，给予力所能及的帮助；当同事遭到误解时，要表示理解和安慰；当同事情绪低落、心情苦闷时，去真诚地关心他。只要你付出的是善意，就将会赢得对方的感激和信任。

(3)向有"好人缘"的同事靠近。在选择朋友、建立自己的人际关系网时，应该尽量选择那些人缘比较好的人。如果你的关系网络全部由"好人缘"的人组成，那么，这个关系网络的力量将是无穷的，而身在其中的你，也会因此而受益匪浅。

(4)拥有海纳百川的胸怀。在职场中，一定要懂得忍耐和宽容。身处职场，由于各种关系错综复杂、盘根错节，人事纠葛时有发生。当与他人发生矛盾时，当被人误解和非议时，我们要抱着"君子坦荡荡"的态度一笑置之。

5. 赞美是人际交往的"助推器"

求人时还要懂得利用语言的表达效果，与对方达到感情的共鸣、思想的沟通，从而达到自己求人的目的。好的话题能让谈话双方的距离从无限远到零距离。

在这个社会上，会说赞美话的人，肯定比较吃香，他办事儿顺利也就顺理成章了。当一个人听到别人的赞美时，心中总是非常高兴的，他脸上堆满笑容，口里连说："哪里，我没那么好，你真是很会讲话。"即使事后回想，明知对方所讲的可能是恭维话，却还是没法抹去他心中的那份喜悦。

因为，爱听溢美之辞是人的天性，虚荣心是每个人都具有的弱点。当你听到对方的吹捧和赞扬时，心中会产生一种莫大的优越感和满足感，自然也就会高高兴兴地听取对方的建议。

某人到私人商摊处买衣服，在试衣时，卖主惊叹道："啊！真漂亮！你穿起来非常合身，还显得朴素、大方、有风度。你比以前年轻了好几岁。"那人听了非常高兴，本来是不想买那件衣服的，却买回来了。

要想在办事时求人顺利，首先就要澄清自我的主观意识，尽快地养成随时都能赞美别人的习惯。俗话说"习惯成自然"，当赞美别人已经变成你的习惯时，你的办事能力就会相应提高。

对上级来说也是如此，你求上级办事儿，赞美他是理所当然的。你赞美了他，他也会反过来重视你——得到恭维的人是不会放着对方的难题不管的。

因此，要想求领导办事，就必须掌握"会说赞美话"这一条。会说话同办事儿是相辅相成的。话说得好听，说得到位，领导便易于接受你提出的条件和要求，否则即便是一件简单的事情，你也很容易办砸。要想把事情办成功，总得拣对方爱听的话说，才有利于事情解决。所以，要学会说赞美的话。

赞美是人际交往的"助推器"，好好地运用它，一定会令你事半功倍。因为每个人在内心都有一种"被承认"的欲望，都希望得到他人的肯定。他人的肯定能帮助你提高自己的积极性。当一个人自认为这件事非自己不能办成，那么他就会尽最大的努力去办，当他办成之后，会有很高的成就感；反之，当一个人对一件事情不以为然的时候，他做事就会消极被动，即使成功了，也没有多大的喜悦。

如果能够利用这种心理作用，就能够激发他人为你办事的热情。那么，具体如何去激发呢？当然是给对方积极的暗示，暗示某件事非他才能办好。

"别人我不知道，你，我是知道的。你一定有办法帮我搞定这件事。"即使是很难办成的事，因为你这句话，对方也会努力去做，不让你失望。同时你的鼓励还能引发对方的潜能。

有时候，别人会以忙为由拒绝了你。如果你说，"我当然知道你很忙，就是因为你很忙，我才放心让你帮忙。"对方可能会转变对你的态度。

李想毕业两年了，在一家产品公司做销售员。有一次，他参加了公司组织的拓展训练。

那次训练中，有一项任务给李想留下了深刻的印象。培训师以组为单位，把参加训练的业务人员分为3组，给他们一项任务，让他们在上海某条繁华的街道上，以各种合理的方法，向路人"要钱"。3天的时间，看谁最终获得的钱最多，以此为标准评出最优秀的团队，以及最优秀的个人。这项任务主要训练一个人的心理素质、团队合作精神以及与他人的沟通能力等。

李想虽然做了两年的销售，但是面子很薄，在大庭广众之下向他人"乞讨"，这还是第一次。所以，第一天，他几乎是无功而返。第二天，他硬着头皮找到一些路人，并向路人说明自己在参加拓展训练，要完成一项任务，需要好心人配合自己，多少给他几块钱。结果，很多路人都用怀疑的眼光看着他，有的说他骗钱，有的说他是神经病，只有少数路人相信他。

第二天行动结束，队员们盘算成果，李想所在组只收获了一百多元钱，而且李想收获最少，据说其他两组的收入都有几百块了。这时候，李想所在组的队员间已经出现了一些隔阂，收获多的人抱怨收获少的人没尽力，收获少的人抱怨培训师出了个难题。

吃晚饭的时候，培训师与3组成员闲聊时，问李想他们收获如何？李想不好意思地说："这个任务太'怪异'了，真的很不好意思向路人要钱呢。所以现在结果很不理想。"培训师笑着对他说："你是一个多才多艺的人，前几个任务都能出色完成。我才不相信作为一个企业的销售骨干，这个小任务还能难倒你！"说完就走了。

第三天，李想决定要力挽狂澜，他想的是，一定要对得起"销售骨干"的称谓。于是，他改变了之前"行乞"的方法，决定"卖艺"。培训师不是说自己是个"多才多艺"的人吗？

李想想到，现在经常看到"卖艺"的人都是在天桥或地下通道上边弹吉他边唱歌，自己不会弹吉他，但是会讲笑话啊。为了避免与客户聊天时冷场，他之前积累了很多的小幽默故事，这次也算是有了用武之处。他举了一个牌子，上面写着"讲笑话，送开心，每个故事3元钱起"。不一会儿工夫，他就被人围得水泄不通。显然，他的创新吸引了路人。

这一天，李想一个人就挣了三百多元钱，可谓硕果累累。

　

有一点应当明确，赞美不等于奉承，欣赏不等于谄媚。恭维与欣赏一个人的某个特点，意味着你肯定这个特点。只要是优点，是长处，对集体有利，你就可以毫不顾忌地表达你的赞美之情。我们每个人都需要从别人的评价中了解自己的成就以及自己在别人心目中的地位。当受到称赞时，你的自尊心会得到满足，并对称赞者产生好感。你的聪明才智需要得到赏识，但在别人面前故意显示自己，则不免有做作之嫌。别人会因此认为你是一个自大狂，觉得你恃才傲慢，盛气凌人，而在心理上觉得难以和你相处，你们之间就会缺乏一种默契。学会说赞美的话，当你托人办事时，你将会领悟到其中的妙用。

95

6. 巧妙斡旋人际，让他人主动帮你忙的技巧

生活中，向人求助时，别忘了要循序渐进，逐步操纵对方，因此，掌握一些策略和技巧是必要的。

（1）一阶一阶往上登。

要是一下子向别人提出一个较大的要求，别人一般很难接受，而如果你逐步提出要求，不断缩小差距，别人就比较容易接受，这就是所谓的"登门槛效应"。

一列商队在沙漠中艰难地前进，昼行夜宿，日子过得很艰苦。

一天晚上，主人搭起了帐篷，在其中安静地看书。忽然，他的仆人伸进头来，对他说："主人啊，外面好冷啊，您能不能允许我将头伸进帐篷里暖和一下？"主人很善良，欣然同意了仆人的请求。

过了一会，仆人又说道："主人啊，我的头暖和了，可是脖子还冷得要命，您能不能允许我把上半身也伸进来呢？"主人又同意了。可是帐篷太小，主人只好把自己的桌子向外挪了挪。

又过了一会儿，仆人再次说："主人啊，能不能让我把脚伸进来呢？我这样一部分冷，一部分热，又倾斜着身子，实在很难受啊。"主人又同意了。可是帐篷太小，两个人实在太挤，主人只好搬到了帐篷外边。

当个体先接受了一个小的要求后，为保持形象的一致，他可能会接受另一个重大的、更不合意的要求，这叫作"登门槛效应"，又称"得寸进尺效应"。这主要是由于人们在不断满足别人的小要求的过程中已经逐渐适应，意识不到别人逐渐提高的要求已经大大偏离了自己的初衷。

"登门槛效应"通俗地说，就像我们登台阶一样，我们要走进一扇门，不可以一步飞跃，只有从脚下的台阶开始，一个台阶、一个台阶地登上去，才能最终走进门里。

想操纵对方，让对方做一件事，如果直接把全部任务都交给对方，往往会让对方产生畏难情绪，拒绝你的请求；而如果将任务化整为零，先请对方做开头的一小部分，再一点一点请对方做剩下来的部分，对方往往就会想，既然开头都做了，就善始善终吧，于是就会顺利把任务完成。

有两个人做过一次有趣的调查，他们去访问郊区的一些家庭主妇，请求每位家庭主妇将一个关于交通安全的宣传标签贴在窗户上，然后在一份关于美化加州或安全驾驶的请愿书上签名，这是一个小而无害的要求，很多家庭主妇都爽快地答应了。

两周后，两个人再次拜访那些合作过的家庭主妇，要求她们在院内竖立一块倡议安全驾驶的大招牌——该招牌并不美观，要保留两个星期。结果答应了第一个要求的家庭主妇中有55%的人接受了这个要求。

两个人又直接拜访了一些上次没有接触过的家庭主妇，这些家庭主妇中只有17%的人接受了该要求。

是啊，既然已经在刚开始时就表现出助人、合作的良好形象，即便后来别人的要求有些过分，也不好推辞了。生活中，要想操纵别人，让别人答应自己的要求，就需要借鉴"登门槛效应"。

如果你有一件棘手的事想请人帮忙，或者你有某个要求想征得别人的同意，最好不要直接说出来。而是在提出自己真正的要求之前，先提出一个估计对方肯定会拒绝的大要求，待对方否定以后，再提出自己真正的要求，这样，对方答应你要求的可能性就会大大增加。

西方二手车销售商卖车时往往把价格标得很低，等顾客同意出价购买时，又以种种借口加价。有关研究发现，这种方法往往可以使顾客接受较高的价格，而如果最初就开出较高的价格，顾客则很难接受。

丈夫得了高血压，其夫人遵照医嘱，做菜时不放盐。丈夫觉得口味不适应，拒绝进食。后来其夫人将医嘱折中了一下，每次做菜都少放一点盐，每次递减的程度很小。后来丈夫逐渐习惯了清淡的味道，即使一点盐不放，也不觉得不好吃了。

这些都是成功运用"登门槛效应"的案例。在人际交往中，当你要求一个人做某件较大的事情又担心他不愿意做时,可以先向他提出做一件类似的、较小的事情,然后一步步地提出自己的要求,从而巧妙地操纵他,最终达到自己的目的。

(2)告诉他,他不做是因为他不敢去做。

人的心理有一种特性,往往越受压迫,所起反抗心越强。如果你想要他人办一件什么事,在请求没有用的情况下,你可以反向刺激他,将他激怒。"你不去做,是因为你不敢去做吧?""我想你可能也没什么办法。"你这样说,对方心里一定会想:"谁说我不敢?""你怎么知道我没有办法?""我偏要做给你看!"这样,你就达到了自己的目的。

在《西游记》中,孙悟空就经常对猪八戒使用激将法,让他主动去降妖。激将法往往能在争强好胜、虚荣的人身上起到比较明显的作用。比如,你去逛商店,售货员看你穿戴不怎么样,就蔑视地对你说:"这件衣服太贵,您恐怕买不起。"你可能就会勃然大怒。人活着就是为了一口气,一定不能让对方把自己看扁了。"有什么了不起的,我今天还真买了。"于是,不管自己是否喜欢或是否需要,你一怒之下就将那件衣服买了下来。

在《红楼梦》中,王熙凤是个很厉害的人物,她周围的人能不受到她的算计就很不错了,怎么可能求她办事呢?如果懂得了她争强好胜的心理,也能控制她的行为。

老尼净虚在长安县善才庵出家的时候,认识了一个张大财主的女儿——金哥。金哥到庙里进香的时候,被长安府府太爷的小舅子李衙内看中,并要娶她。可是她已经被聘给了原任长安守备的公子。两家都要娶,金哥家左右为难。守备家不管青红皂白就上门来辱骂。张家被惹急了,想退还聘礼,所以派人上京城寻找门路,希望能找个中间人写一封信,解决这件事。只要能顺利退了聘礼,张家愿意倾家答谢。

凤姐漫不经心地听着净虚说这事,然后表明自己的态度——我又不等银子使,所以也用不着去帮这个忙。

这个时候,净虚有些失望,便使出了激将法。她说:"虽如此说,张家已知我来求府里。你如今不管这事，张家不知道你是没工夫管这事，不稀罕他的谢礼，倒像府里连这点子手段也没有的一般。"

这句话让凤姐立即改变了态度，大声说："你是素日知道我的，从来不信什么阴司地狱报应的，凭是什么事，我说要行就行！……你叫他拿三千两银子来，我就替他出这口气！"

这句话正中了净虚下怀。她马上赔笑说，"是的，既然你已经答应了，那明天就'开恩'办吧？

凤姐自我膨胀，马上说，"你瞧瞧我忙的，哪一处少得了我？既应了你，自然快快的了结。"

净虚又乘机奉承道："这点子事，在别人的跟前就忙的不知怎么样，若是在奶奶的跟前，再添上些也不够奶奶一发挥的。只是俗语说的，'能者多劳'，太太因大小事见奶奶妥帖，越发都推给奶奶了，奶奶也要保重金体才是。"

一席话让凤姐听得十分受用，净虚求凤姐办的事自然也不在话下了。

当净虚"恳求"凤姐的时候，凤姐表现出漫不经心的样子，"这点事我才懒得帮呢"是她当时的心理；一旦净虚激将她"倒像府里连这点子手段也没有的一般"，激发了凤姐好强的心理。

所以，你想让对方做某件事，当"恳请"没有用的时候，不妨利用对方想表现自己的心理以及他的逆反心，若无其事地用一用激将法，也许更容易达到你预期的目标。对他说："你不办，是因为你办不了吧？"这句话在他心里的分量是很重的，因为每个人都不愿意被人看扁。

这个方法对那些好胜心强、虚荣心强、自我膨胀欲望强烈的人更加受用。我们经常看到老师和家长们在小孩的教育上用这一招，小孩子都会乖乖中招。

小雅是一名很会教小孩的幼师，不管她教小孩们唱歌、做游戏，还是上课，孩子们都乖乖地听她的话。在别的老师的课堂上，孩子们都乱成一气，全然不顾老师的话，很是调皮，只有在小雅上课的时候，孩子们才会积极主动地被她牵制。比如当孩子们对英文单词不感兴趣的时候，她会说："你来试试，大概写不出来吧？"她一边说，一边在黑板上写下一个正确的新词，让孩子们来模仿。孩子们就会争先恐后地举手希望来试试，希望老师评判，自己是个聪明的孩子。于是，孩子们的学习兴趣就被她很轻松地调动起来了。

孩子们的自我表现欲望竟如此强烈，其实大人们也一样。你如果动不动就对人说"你应该这样去做……""我求你去做……"倒不如对他说"我不相信你能做好"的效果更好。

(3)找到一个人就行了，避免"责任分散"。

有时候向很多人求助，不如向某一个人求助，并强化他的责任。也就是说认定某一个人能帮助你，而不要给太多人"踢皮球"的机会。

虽然说"助人为快乐之本"，但并不是每个人在任何情况下都愿意帮助别人的。特别是当人们觉得自己"没有责任和义务"去帮助他人的时候，就很难主动去帮助他人。而怎样的情况会导致人们认为自己"没有责任和义务"呢？那就是在人多的情况下。

"一个和尚有水吃，两个和尚抬水吃，三个和尚没水吃"，就是这种情况的典型反映。你以为人多力量大，其实，有时候人多力量反而小，"1+1<2"的情况经常有。因为人们身上普遍都存在着惰性和依赖性，在大家一起工作的时候，这种现象就更加突出。比如，我们经常在找人办事的时候，会遭遇被多个人"踢皮球"的情况。对方你推我，我推他，结果没有一个人愿意为你解决问题。

售前部的小罗接到B地客户打来的电话，客户最后通牒，如项目建议书周五前还不能提交，则后果自负。于是小罗开始走售前支持流程，请相关部门协助。

首先小罗按照售前支持流程找到方案准备部，请他们写方案。但该部张经理马上抱怨说另一个大项目下周就要投标了，老总还亲自过问了这事，这几天全部门的人还搭上技术部的人都在加班加点地干活，哪有空写这个什么方案。

小罗只好直接找到技术部，毕竟项目的最终实施要由技术部负责，而且现在技术部正做着同类项目在A地区的开发。但技术部经理说B客户的合同还没签呢，应该是方案准备部的事，况且技术部现在也没空。

见小罗一脸无奈的样子，经理指给他一条路，原先在项目组的小林现在有空，你看看他是否愿意帮忙。

小罗心里一喜，赶紧去找小林。听明来意后，小林说，虽然我现在有空，但也帮不了你，因为写这份建议书涉及B地的许多资料，我一直没接触过，等我看过资料后再写，至少要花一周时间。

可怜的小罗就在单位中被人踢来踢去，问题还是没解决，结果被老总骂了一顿。

如果要求一个群体共同完成任务时，群体中的每个个体的责任感就会较弱，面对困难时，他们往往会退缩。因为当很多人都可以去做某件事情时，人们就会觉得并非一定要自己做。人们会想，"既然大家都可以做，凭什么要我做？""他能帮你，你去找他吧！""我还是少管闲事吧！"这种现象在心理学上叫作"责任分散效应"。

在美国郊外某公寓前，一位年轻女子在回家的路上遇刺。她绝望地喊叫："杀人啦！救命！救命！"听到喊叫声，附近住户都亮起了灯，打开了窗户，凶手被吓跑了。当一切恢复平静后，凶手又返回作案。当那位年轻女子又叫喊时，附近的住户又打开了电灯，凶手又逃跑了。当年轻女子认为已经无事，回到自己家楼上时，凶手又一次出现在她面前，将她杀死在楼梯上。在这个过程中，尽管年轻女子大声呼救，她的邻居中至少有38位到窗前观看，但无一人来救她，甚至无一人打电话报警。

当一个人遇到紧急情况时，如果只有某一个人能提供帮助，那么这个人则会清醒地意识到自己的责任。而如果有许多人在场的话，帮助求助者的责任就由大家来分担了，就会造成责任分散。由于每个人分担的责任很少，从而产生一种"我还是少管闲事"、"会有人救她的"的心理。

所以，请求别人帮忙的时候，一定要让对方感到帮助你是他一个人的责任。

在下班回家的路上，小李正好遇到一个小孩子落水了，当时很多人在围观，却没有一个人跳下水去施救。小李非常着急，他想救人，自己却是只"旱鸭子"。怎么办呢？

这个时候，他看到围观的人中有一个他认识的人——小区外面报刊亭的杨老板。他曾听说杨老板经常去游泳。于是，他大声朝杨老板喊道："杨老板，还不赶快救人啊！"随着小李的喊声，大家的目光都投向了杨老板。

杨老板马上不好意思了，觉得自己再不去救人，就会受到众人的唾骂。于是，他赶紧跳下水去。

向某一个人求助，并强化他的责任，不要给太多人踢皮球的机会。

(4)将"不值钱"的东西送给清高的他。

请人帮忙，难免会对他人"表示"一下，以显示出你的诚意。俗话说"吃人家的嘴软，拿人家的手短"，一旦对方接受了你的"诚意"，当然也要表现出对你的"诚意"来——尽他的努力来帮你，以还你的人情。

然而，送礼也不是一件简单的事情。对方不一定会配合你，你送什么，对方就会接受什么。他们会推辞，因为谁都知道"吃人家的嘴软，拿人家的手短"，既然接受了你的礼物，肯定是要还你的人情。人们都不希望自己背上"债"。那么，为什么有的人又很容易接受他人的礼物呢？因为人们还有一个特性，那就是贪念。特别是对那些抵制不住诱惑的人来说，想要的东西就摆在面前，何乐而"不要"呢？

所以，要让对方接受你的礼物，就要在人们的这两种心理之间权衡：既勾起对方的"贪欲"，又不让对方觉得欠了你太多，而时刻惦记着要还给你。

有一位学生受到老师的恩惠颇多，一直想回报老师，但是没有机会。一天，他偶然发现老师家里的红木镜框中镶着的字画竟是一幅拓片，跟屋里雅致的陈设不太协调。正好，这位学生的叔父是位小有名气的书法家，他手头正好有叔父赠给他的字画。于是，他马上把字画拿来，主动放到老师的镜框里。老师不但没反对，而且还非常喜爱。

比如，你要送某样东西给一个从来不接受礼物，怕有"受贿之嫌"的人，你可以说："这支球杆我已经很久不用了，最近我买了一支新的，所以这支你喜欢就拿去吧，虽然是用过的，也还不错。"这样对方就很轻易地接受了，而不认为你是在行贿，而且他也没有"还情"的心理负担。

如果你送的是土特产，可以说是老家来人捎来的，只是分一些给对方尝尝鲜，是粗糙的东西，不值钱，请对方收下。一般来说，对方那种因盛情无法回报的拒礼心态可望缓和，会收下你的礼物。

你想给家庭困难的朋友送些钱物，有时候，他们的自尊心会使他们不肯轻易接受济助。你若送的是物，不妨说，这东西在我家放着也没什么用，你先拿去用吧，日后买了再还我；如果送的是钱，可以说先拿些花着，以后有了再还。这样，对方就不会觉得你是在施舍，他会乐于接受，你送礼的目的也就达到了。给家境困难的朋友送礼时，一定要注意，对方如果自尊心很强的话，这个方法千万不能用，否则只会弄巧成拙，让对方以为你瞧不起他，把自己不用的东西送给他。俗话说："己所不欲，勿施于人。"

当然，送礼并不是一定有某物送在对方手上。如果你送给对方的是酒一类的东西时，不妨避谈"送"字，假说是别人送你两瓶酒，你来和对方对饮共酌，请他准备点菜。这样喝一瓶，送一瓶，你们的关系也近了，你的礼也送了，还不露痕迹。

有时你想给人送礼，而对方却又与你八竿子拉不上关系时，不妨选送礼者的生诞、婚日，邀上几位熟人同去送礼祝贺，那样对方便不好拒收了。等事后对方知道这个主意是你出的时，他必然会改变对你的看法。借助大家的力量达到送礼联谊的目的，尤其对那些不熟悉的送礼对象，是最好的办法。

据说一位朋友给女朋友送礼物，从未遭到对方的拒绝。对此，这位朋友透露的秘诀是：首先故意向女友借一些东西，在还东西的同时再送礼物给女友，而且堂而皇之地说："谢谢您的帮忙，这是我衷心的感谢。"无论何时何地，这位朋友都能成功送礼物给女友了。

7. 给真实加点谎言的"佐料"，能够迅速地拉近彼此的距离

我们都希望生活在一个没有谎言的社会，但事实上，我们生活的空间已经被谎言塞满了。这并不是危言耸听。英国伏特加饮料公司最近进行的一项调查表明，人一生中平均会说谎8.8万次，每人每天至少撒4次谎。在说谎上，男人平均每天说5次谎，女人平均每天说3次谎，但男人的谎言中，"弥天大谎"的比例比女人稍小些。

这一天，苏格拉底像平常一样来到市场上。他一把拉住一个过路人问道："对不起，我有一个问题弄不明白，向您请教。人人都说要做一个有道德的人，但'道德'究竟是什么？"

那人回答说："忠诚老实，不欺骗别人，就是有道德的。"

苏格拉底装作不懂的样子又问："但为什么和敌人作战时，我军将领却千方百计地去欺骗敌人呢？"

"欺骗敌人是符合道德的，但欺骗自己人就不道德了。"那人又回答。

苏格拉底反驳道："当我军被敌军包围时，为了鼓舞士气，将领欺骗士兵说，'我们的援军已经到了，大家奋力突围出去。'结果突围果然成功了。这种欺骗也不道德吗？"

那人说："那是在战争中出于无奈才这样做的，在日常生活中，这样做

是不道德的。"

苏格拉底又追问起来："假如你的儿子生病了，又不肯吃药，作为父亲，你欺骗他说这不是药，而是一种很好吃的东西，这也不道德吗？"

那人只好承认："这种欺骗也是符合道德的。"苏格拉底并不满足，又问道："不骗人是道德的，骗人也可以说是道德的。那就是说，道德不能用'骗不骗人'来判断。究竟用什么来判断它呢？还是请你告诉我吧！"

那人想了想，说："不知道道德就不能做到道德，知道了道德才能做到道德。"

苏格拉底这才满意地笑起来，拉着那个人的手说："您真是一个伟大的哲学家，您告诉了我关于道德的知识，使我弄明白了一个长期困惑不解的问题，我衷心地感谢您！"

正如苏格拉底所说，判断谎言是否道德的标准就是道德本身。符合道德规范的，就是善意的或者无恶意的谎言；违背道德标准的，就是恶意的谎言了。

善意的谎言和恶意的谎言的最大的区别是，它们的动机不同。善意的谎言发自于善良的动机，以维护他人利益为目的和出发点，它会使人们的感情变得更融洽、和谐，生活变得更有滋有味，它可以巧妙地避免冲突，实现情感沟通和顺利交往。而恶意的谎言是说谎者为了谋取利益，凭借强烈的利欲、薄弱的理性，把他人作为手段，不惜伤害他人的行为。在所造成的后果上，两者也是截然不同的。善意的谎言带来的是温情和融洽，而恶意的谎言带来的是厌恶和仇恨。

因此，我们没必要为谎言"满天飞"感到恐慌——既然谎言已经成为了生活的一部分，我们没有办法把它隔离到真空里，我们要做的，就是掌握辨别谎言的一些技巧，同时擦亮自己的眼睛，摆正自己的心态，让谎言无处遁形。

对那些蓄意欺骗的谎言，采取适当的反击是完全有必要的。这不仅是为了讨回公道，更重要的是它可以使我们所生活的人际环境变得更加安全可靠。试想，如果我们一天到晚疲于识别、防备谎言，听到的每一句话都必须经过再三掂量、推敲之后才能相信，那是一种多么不愉快的境况。

我们不应该再一味地宽容、忍让，而应对造谣者以牙还牙，以谎治谎，让他也尝一尝被欺骗、被蒙蔽的苦头，让他知道撒谎骗人的坏处。这样不仅可以使我们自己被愚弄的情感得到一种平衡，也能使对方获得某种教训。一般人造谣，都害怕谎言被揭穿，因为那样一来，他要借助谎言行使的计谋将会被人识破，他的声望将会受到毁损，他的地位将会受到威胁。靠造谣取得成功的人看上去耀武扬威，其实一个个内心里都充满了恐惧与卑怯。控制这种人可用"以子之矛，攻子之盾"的方法。

首先，识破对方的谎言。当一个人用恶意的谎言来与我们相处的时候，他事实上已经开始对我们形成侵犯与伤害了，不管他的谎言是否达到了目的。

对说谎者，应尽早识破他的谎言，让他在一开始行动时，就受到挫败，把他的谎言扼杀在摇篮中。比如一个推销员来推销某种劣质商品时，他可能一开始并不向我们直截了当地推销商品，而是扯一些无关紧要的话题，或者问问我们关心的问题，当我们对他产生信任感后，他就乘机把劣质商品推销给我们。

识破谎言必须具备坚强的意志，否则，谎言仍然会突破你的防范，使你蒙受损害。识破对方谎言后，应时刻对他保持戒备，不管他说什么，做什么，你都只当他是在为自己的谎言作铺垫。即使他说的是真话，也要对他真话背后的动机多考虑几番。有的人会用虚虚实实的方法诱你上当，在假话中掺杂真话，在真话中夹杂假话，真真假假，让你分辨不清，他便可以乘机大行其骗术。尤其是那些有意向你暴露自身弱点的人，往往你就把这当作对方造谣的第一步。

俗话说，"乌云遮不住太阳"。谎言终究是谎言，无论它多么巧妙、被人怎么精心地设计，无论它把一个人装扮得怎样冠冕堂皇、道貌岸然，假的就是假的，你只要一揭穿它，它就一文不值。

如果你发现自己的对手在用谎言包装他自己，只要揭穿他的谎言，你就取得大半胜利了,如果再乘胜追击,他就只能狼狈而逃。既知对方的所作所为只是为了引我们上当,那么,我们根本不容对方动手,便抢先一步揭穿,再厉害的谎言也发挥不出效力。

正在说谎或试图说谎的人,他们一定会先把自己的心理武装起来。如何除去他们的"武装",就是揭穿其谎言的最大的关键。如果在揭穿谎言时,你正面跟对方冲突,对方一定会强词夺理,把你反击回来。

这个时候,我们必须另想办法解除说谎者心理上的武装。我们暂且不必理会他说话内容的真实与否,只要把重点放在解除他内心的武装上就行了。这个道理就跟要打开关得紧紧的海蚌一样,越急着把它打开,它就关得越紧。如果暂时不去理会它,它就会自然地放松戒备,过一会儿就自然地打开了。

那么究竟要怎样才能解除对方心中的武装呢?

首先,要使对方有安全感。如果对方是为了保护自己而说谎,我们最好这样说:"你把实话说出来,不要紧,事情不会很严重的。"这样一来,对方就会认为自己的处境已经很安全了, 便不会顾忌说出实话会有什么不良后果。所以在这种情况下,想要叫对方说出实话是没有太大困难的。

要使对方产生安全感,首先必须使他对你产生信任,这样他才会对你吐出真言。一般来说,如果想套取对方的实情,循循善诱的方法比强硬逼供的手法更容易达到目的。但是前提是我们必须做到让对方觉得"我实在不敢对这种人说谎"才行。简单地说,我们要运用技巧,使对方因为你的影响而把实话完全吐露出来。

还有一种完全相反的技巧,那就是把自己装扮成很容易上当的样子,使对方对你没有戒心,从而把心里的话说出来。换句话说,就是让对方产生优越感,使他在得意忘形之际,无意中露出马脚。这种方法用来对付傲慢的人是最好不过了。

其次,要追根究底。彻底去追根究底,有时也能解除对方心中的武装。假如对方仍有辩白的余地,他一定会坚持到底,因此只有在他被逼得走投无路的时候,他才会自动解除武装,说出实话。

对说谎者,也可以攻其不备。不管是多么高明的说谎者,如果遇到突然而来的攻击,也会惊慌失措,不得不投降。

一位资深律师曾经说过:"在询问一个决定性的问题时,不要马上询问证人,等他回到证人席之后,再突然请他回来,重新询问,这是最有效的方法……"《孙子兵法》里也说过:"攻其不备,出其不意。""使其不御,则攻其虚。"因为我们乘虚而入,对方没有防备,自然就会放下武器投降了。

再次,拿出有力的证据来当武器,是识破谎言最好的手法。不管对方如何狡辩,只要我们有确凿的证据,他就不得不俯首承认了。

但更重要的是,必须懂得如何运用这些证据,如果运用不当,证据也会失去效用的。关于这一点,首先要注意的就是,时机是否运用得当?如果事情过了很久,我们才拿出证据来印证,那么证据的价值可能就大大地降低了。如果在我们提出证据之后,还让对方有充分的时间去考虑,也是不妥当的,因为这样就又让对方获得了一个辩解的机会。

那么,我们手中的证据应在何时提出来呢?这个问题我们不能一概而论,必须依证据的价值以及当时的状况来决定。至于你握有的证据究竟有多少,绝不能让对方知道。尤其是当只有少许证据的时候,更要绝对保密。总之,证据是一种秘密武器,证据越少,越要珍惜,否则失败的将是你,而不是对方。

如果你想做一个所谓"嫉恶如仇"、"刚正不阿"的人,那么上面所说的那些,足够你去拆穿对方的谎言,让对方投降了。

但是,"嫉恶如仇"、"刚正不阿"并不代表"拘泥不化",比如说商品的广告词中从来不会有"本品有……缺点"之类的话。生活里没有绝对的真实,如果你什么事情都实话实说,只会给自己制造出一大堆麻烦,甚至会与整个社会格格不入。

有这样一个故事。从前,有一个人爱说大实话,什么事情他都照实说,人们却都不喜欢他。所以,他总是找不到工作。这样,他变得一贫如洗,无处栖身。最后,有一户人家收留了他。

不久，这户人家让这个"老实人"把两头驴和一头骡子牵到集市上去卖。"老实人"在买主面前只讲大实话："尾巴断了的这头驴很懒。一次，长工想把它从泥里拽起来，一用劲，就拽断了它的尾巴。这头秃驴特别倔，一步路也不想走，因为人们拿鞭子抽它抽得太多，使它的毛都秃了。这头骡子呢，是又老又瘸。""老实人"还觉得有件事不能隐瞒，便又说："如果干得了活儿，修道院长干嘛要把它们卖掉啊？"结果这些话在集市上一传开，谁也不买他的这些牲口了。修道院长知道这件事后，对"老实人"发火说："朋友！我虽然喜欢你的老实，可是，如果老实过度就只能是个蠢材！你爱上哪儿就上哪儿去吧！"

就这样，"老实人"被这户人家也赶走了。

其实，故事中"老实人"的遭遇并不是偶然的，现实生活中也不乏类似的例子。世间万物本来就不是完美的，你又何必像那位"老实人"一样把自己完全地暴露在别人面前呢？

谎言就像是生活的"调味剂"，在适当的时候说出来的谎言，饱含真诚，散发出温暖的光辉，能让说谎者与被"骗"者共享欢乐。而过于真实，只会让你身边的人"吃不消"，只能对你敬而远之了。

在日常的交际过程中，给真实加点谎言的"佐料"，往往能够迅速地拉近彼此的距离，让你们之间的交往变得更加亲切。

一天，陈朋和周涛一道去拜访一位教授。那个教授为人严肃，平时不苟言笑。坐了半天，除了开头说了几句应酬话，剩下的只是让人尴尬的沉默。

忽然，陈朋看到教授家养着几条色彩斑斓的热带鱼。他知道这鱼叫"地图"，自己曾送给周涛几条。教授见陈朋神情专注地盯着自己的热带鱼，就笑着问："还可以吧？才买的，见过吗？"陈朋虽然知道那是"地图"，却说了一句谎话："还真没见过。叫什么名字？明儿我也打算养几条呢！"周涛不解地看看陈朋，心想：装什么糊涂，不是上星期还对我说起过吗？

教授一听，来了兴致，大谈了一通自己的养鱼经，陈朋听得频频点头。

那位教授像是遇到了知音，说说笑笑，如数家珍地给陈朋讲每条鱼的来历、名称、特征，又拉着他到书房看自己收集的各类名贵热带鱼的照片，气氛顿时活跃起来。陈朋和周涛本来打算坐坐就走，不料教授一再挽留，直到吃完晚饭才放他们走。在他们临走时，教授硬塞给陈朋几尾小鱼，还一直把他们从七楼送到楼下。

陈朋的一句谎话使教授前后判若两人，本来几乎陷入僵局的交谈又顺利地进行下去了，这都归功于陈朋"假戏真做"的本事。如果陈朋就"热带鱼"的问题实话实说，那么场面可能就会继续尴尬下去，那位教授也不会有如此高的热情。

通常情况下，在待人处世中要讲究真诚，说谎最要不得。但是如果你善于把谎言当成真话来说，讲究说谎的尺度和艺术，谎言也会给你带来好处。因为人性中一条很重要的弱点，就是大家都乐于被虚假的事实所安慰。

小刘到店里去买自行车，由于知道自己身长腿短、不成比例，选好车子付了钱之后，便请老板把车座调低。谁知车店的老板一番仔细查看后，极真诚地说："先生，你的腿绝对是长的！"顿时，小刘飘飘然地望着老板把自行车的车座调高。路上，想着老板充满自信又果断的"你的腿绝对是长的"这句话，小刘的内心不由自主地欣喜若狂。

毋庸置疑，说谎的时候，你的最佳策略，便是要摆出一副"认真的表情"。最好是在以"认真的表情"用假话恭维对方时，还能够把既干脆又果断的语气派上用场。比如说，在与他人寒暄时，说"你看起来容光焕发，神采奕奕"之后，马上再补上一句"看起来比你的实际年龄年轻多了"，相信对方必然会有一种飘飘然的满足感，对你更会产生良好的印象，因为任何人都喜欢被人赞美年轻，这是人之常情。

说谎的时候，除了要有"认真的表情"外，"认真的态度"也不可或缺。当然，以假话恭维对方，千万不要犯对方的忌讳，如果犯了对方的忌，即使你的态度再认真，表情再诚恳，也达不到好的效果。比如你对一个相当在意自己"塌鼻梁"缺陷的人说："你的鼻子很好看！"肯定会令对方极度不悦。你的态度越诚恳，对方可能就会越气愤。

总之，说谎要说得恰到好处，才能够获得别人的好感，否则，弄巧成拙不说，还会给人留下虚伪做作的印象。

8. 培养维护交情的好习惯

习惯人皆有之。南方人习惯吃大米，北方人习惯吃面条，这是生活习惯。有的人喜欢边听音乐边学习，有的人则习惯于神情专注、不受干扰，这是学习习惯。有的人工作时习惯快刀斩乱麻、雷厉风行，有的人则习惯有头有绪、条理不紊，这是工作习惯。

习惯真可以说是无处不有、无处不在、无孔不钻。正因为习惯如此之多，以至于人们常常忽视它的存在，无视它的作用。但是，你可千万不能轻视习惯的作用。好习惯是成功的助力器，而坏习惯则可能是通往成功之路的绊脚石。

每一位成功者，他们都有许多良好习惯，最后促成了他们的成功。萧伯纳坚持"该先做的事情就先做"的习惯，使他成为著名的作家；爱迪生坚持想睡就睡的习惯，保证了他工作时有极高的效率，使他的思维保持活跃，从而有了一个又一个发明创造；约翰·洛克菲勒坚持工作有张有弛的习惯，使他成为了全世界拥有财富最多的人之一……这样的例子简直多得不可胜数。

事实上，失败的人和成功的人之间，有很多东西相同，而往往在习惯方面，他们却有着很大的差异，正是这些不同，造成了二者不同的命运。这是为什么呢？因为习惯是在长时期里逐渐养成的一时不容易改变的行为、倾向或社会风尚，它可以促成人们的成功。

当我们每天重复做相同的一件事情时，那件事情就会成为习惯。所有的习惯都是养成的。维护人缘自然也是一种习惯，不能在有事的时候才去求人。在平日里就应给自己培养起"维护好人缘"的好习惯。

(1)信息最重要。

曾有一名技术员，特爱交朋友，无论是同事、上司，还是顾客、同行，甚至是保安、餐厅的工作人员，他都非常熟悉。只要是有过一两次来往的人，他都会把对方的电话记在电话本上。他的电话本攒了厚厚的一摞。不仅如此，所有电话本上的人，他都会经常打个电话或者发个短信联系。

随着他的职位升为项目经理，他认识的人也越来越多。三年前，他辞职开始自己创业，无论是启动资金，还是创业项目，甚至手下的员工，都是来自于自己的人脉资源。到今年，他已有两三百万元的资产了。

"掌握了人脉资源，就抓住了成功的关键"。好的人脉是事业成功的助推器，可以提升你成功的速度。人脉资源为职场人士打开了机遇的天窗，在各种人脉帮助下，使得你的事业从起步时就站在了"巨人"的肩膀上。同时，人脉资源还能在关键时刻或危难之际为你提供帮助。

在职场中，信息最重要，可以说人脉资源就是职场的"情报站"，你的人脉有多广，情报就有多广。当你拥有无限的信息时，你的事业就有无限发展的平台。

(2)工作中认识的人，一概积存维护起来。

人脉资源包括亲人、老乡、同学、同事、顾客等。每个人都在不断开发自己的人脉网络，区别在于，那些成功的人总是比一般人拥有更庞大和更有力量的人脉网络。

工作中常会接触到不同的人，有的人与对方寒暄一番，与对方礼节性地互留名片，过后对方的名片就成为一张废纸；而有的人完成工作后，还会后期跟进，与对方建立关系。项目结束，如果不适合再与这位客户交往，可以推荐人的身份出现："朋友有个项目，我觉得你们比较合适，是不是找个时间聊聊？"既帮朋友拓宽了选择面，又替客户搭上了线，使你成为人际关系的一剂"润滑油"。

（3）无论"大小"都是资源。

有的人的眼睛只盯着上层人士，而忽视了同事、下属；有的人只结交年长有经验的人，而忽视了年轻人。无论什么样的人，都是我们发展事业不可缺少的资源。

人脉资源可以分为金融人脉资源、行业人脉资源、技术人脉资源、思想智慧人脉资源、媒体人脉资源、客户人脉资源等。即使是一个普通的技术员，也许通过他，还可以为你的企业挖到优秀人才。就算是"80后"、"90后"的"小朋友"，和他们接触，也能了解一些新的信息。人的精力有限，不可能对所有的人脉关系都一碗水端平，因此，人脉也有"大小"之分。所谓的"小人脉"，是那些可以为自己提供服务，以备不时之需的人，比如，办公用品商、网络维护员、物业管理人员等。这一类"小人脉"，大多不必费心维护，只需建立清晰的数据库便可。而"大人脉"，则是对自己的事业发展有重大影响的人，这一类人脉一定要精心维护。

此外，人脉资源既要有广度和深度，还需要有关联度。人脉的关联度指人脉关系与个人所从事行业的相关性和人脉资源直接的相关性。要利用朋友的朋友或他人的介绍等去拓展自己的人脉资源。从长远考虑，千万不要有人脉"近视症"，一定要随时关注人脉的成长性和延伸空间。

（4）维护人脉，从问候开始。

一般来说，问候是维护人脉关系的基础。无论是熟与不熟的人脉关系，都要定期或不定期地问候对方。人常说"见面三分情"。即使不能当面问候，电话、短信联系，也会增进彼此的感情。经常问候对方，才不至于与对方疏远，甚至让对方忘掉自己，一旦有需要对方的时候，动用起来也才能毫无愧色。同时，经常问候对方，还能让你从各种人脉关系中了解到有用信息，从中找到商机。

维护人脉关系，最重要的是"双赢"。人际交往是双向互惠的，"单向利己"的行为不能长久。不要有"吃亏"的念头——患得患失、因噎废食或心存侥幸。

要做到乐意和别人分享，这其中包括：分享自己的专业知识，来帮助别人；分享资源，包括物质和朋友的关系；分享爱心，实在帮不上忙，那就表示真诚的关心，别人也会铭记在心。

总之，人脉关系将伴随你的一生，是你最大的财富。无论如何，建立和维护人脉资源，"以诚待人"是人际交往的根本。

9. 伸手不打笑脸人，求人办事重礼节

当你要求人办事，尤其是在与对方初次见面的情况下，如果遇到令人拘谨的场面或沉闷的气氛，不管是谁都会不同程度地产生心理防卫机制，从而使得接下来的事难以顺利进行。要解除这种防卫机制，消除对方的戒备心，必须创造出一种和谐自然的气氛。这就需要求人成事者礼貌待人、主动热情，从表情、发型、衣着、谈吐、举止到人格修养等各方面都表现得真实自然，以赢得对方的好感和喜爱。尤其是求职、求爱以及推销时，这一点更加显得重要。

一天，一位40岁左右的中年人来到纽约的一家大广告公司——洛德·汤马斯公司。他让人给公司总裁递上一张便条，上面写道："我在楼下会客厅，我能告诉你们广告是什么，我知道的东西你们并不知道。让你们知道这些，对我、对你们都关系重大。假如你们想知道广告是什么，就请人传话下来。"这张非同寻常的纸条当即就使公司总裁拉斯克做出决定——请来人上楼面谈。而这位客人，就是后来享誉广告界的奇才甘乃迪。

求人成事时，与对方第一次的交谈要显得热情大方，积极主动，礼貌周到。要做到这些看起来很容易，实际上里面却有很多技巧。当然人人都会打

招呼,却未必人人都能做到完美、得体,还有用心。有礼貌地打招呼,是与人交往,同时与人建立起良好人际关系的一个不可缺少的因素。在欧美国家,一般说来,即便是亲密的朋友之间,打招呼也很礼貌,朋友之间、夫妻之间也是如此。对求人成事者来说,第一次向对方打招呼,给对方留下的印象尤为重要,因而要特别注意礼节,要考虑周详。

对一般人的打招呼,你可以点点头,或者微微欠一下身就已足够。但对求人者来说就不够了。因为对方也许比较讲究礼节,他会想:"我可是他所要求的人啊!这家伙毛毛躁躁、不懂礼貌,大概靠不住。"于是可能原本答应帮助你的想法也会改变了。对这位求人者来说,可能就失去了一次重要的机会。

每个人都希望得到对方的尊重,受到别人的礼貌接待。作为求人者,应该理解对方的这种需要,并能主动给予满足。打招呼是走近对方的第一步,礼貌也应该从这里开始。一般来说,礼貌性打招呼应注意以下几点:

(1)举止有礼,选择适合见面的地方;

(2)集中精力注视对方,让对方感觉到你对他的尊重;

(3)先主动向对方问候、问话;

(4)声音要带感情;

(5)要有精神,给对方精力充沛的印象;

(6)面带笑容,消除尴尬情绪,营造和谐气氛。

最后要注意的一点是,眼睛是"灵魂之窗",是人们传达心意最直接的管道。注视对方的眼睛,不仅是一种礼貌,也是一种能尽快缩短与对方心理距离的沟通方式。求人者与对方打招呼时,应该以充满真诚且明亮有神的眼睛注视对方,通过这种交流,使对方在不知不觉中接纳你,并打开心房,对你产生信赖。如果你能做好这一点,等于为成功迈出了关键的第一步。

10. 对他人表示感谢，强化他的成就感

维持良好的人际关系，同时表达心意的最简洁的一个词就是"谢谢"。诚恳地对对方说声"谢谢"，会带给对方最大的满足和感动。

"谢谢"二字虽然简单，也很容易说出口，但只要你运用得当，就会给别人留下深刻的印象。每个人在为每件事付出了努力后，都希望获得预期的结果和反馈信息。特别是当他人为你提供了某些帮助的时候，尽管对方口头上说"这是应该的"、"这没什么大不了"、"不值得一提"，但是，在他人的内心，还是希望得到你的重视和认可的。你的一句话、一个笑脸都能让他人备受鼓舞，从而再接再厉下去。

美国的心理学家和行为科学家斯金纳认为，人或动物为了达到某种目的，会采取一定的行为作用于环境。当这种行为的后果对他有利时，这种行为就会在以后重复出现；当这种行为的后果对他不利时，这种行为就减弱或消失了。人们可以用这种"正强化"或"负强化"的办法来影响行为的后果，从而修正其行为，这就是强化理论。

所谓强化，从其最基本的形式来讲，指的是对一种行为的肯定或否定的后果（报酬或惩罚），它至少在一定程度上会决定这种行为在今后是否会重复发生。根据强化的性质和目的，可把强化分为正强化和负强化。正强化就是鼓励那些自己需要的行为，从而加强这种行为；负强化就是惩罚那些与自己的预期不相容的行为，从而削弱这种行为。

在社交上，正强化的方法包括认可、表扬、给予物质反馈等。而以负强化来维持良好的人际关系，方法包括批评、蔑视、远离他人等。

当别人给你帮忙了，你要及时地表达自己的感激之情，你的感激之情表达得越充分，越及时，别人就越会觉得自己的付出是有意义的。否则，他们会认为自己"费力不讨好"、"白帮忙"了，下次当你有困难的时候，所有的

人都可能离你远去。

虽然那些热心的人总是宣称自己来帮忙不为什么，是应该做的。但是在他们的内心，总是希望自己的付出能得到一定的回应的。这种回应不一定是物质上的同等回应，那些精神上的奖励，同样能让他们有一种满足感，让他们觉得他们给你提供的这个方便是值得的，是有价值的。

我们平时说"谢谢"时，通常是基于礼貌说的。但是如果你想要表达一种内心的感激时，只说"谢谢"两个字是远远不够的。你必须配合你的表情和声调，让对方感觉到"他在跟我道谢呢"。所以，在道谢的时候，最好加上对方的名字"谢谢你呀，小张！""李经理，非常感谢你！"当你加入了对方的名字时，就等于把对方拉进了被感谢的角色中。

另外，在表示感谢的时候，如果你能把感谢的事由加入到感谢的话中，对方的感觉会更胜一筹，也会显得你更加的诚恳。比如，"真谢谢你呀，小张，要不是你，我找不到这么好的工作。""谢谢你帮我改了论文，让我的论文获得了第一。""要不是你帮我渡过难关，我还不知道怎么应付这次失业呢。"这样的话，更加强化了对方的重要性。对方会感到，你是真的记得他的好。

别人帮了你的忙，你表示感谢是理所当然的。如果别人答应帮你，虽尽力了，但却没有帮上忙，你该如何呢？抱怨别人不该答应你？指责别人没有为你多尽力？或者是什么也不说，就当没发生过？

不管怎么样，只要对方付出了努力，无论结果如何，你都要表示感谢，否则就会让人认为你是个势利的人。在这种情况下，你可以说："我知道你已经尽力了，谢谢你！""真不好意思，让你为难了！""这件事的难度确实太大了，我自己再想其他办法，但还是非常感谢你的帮忙！"

对方听到这样的话，心里肯定会感到很舒服，甚至还会为没有帮上你的忙而感到愧疚。下次你遇到困难时，对方一定会尽最大的努力来帮你，以"弥补"这次对你的"亏欠"。

记住，对帮助过你的人要记得说声"谢谢"，为别人对你的启发教诲要说"谢谢"，即使只是一些微不足道的小事，也要表达你的感激之情。

第四章 >>>>>

找到目标，等于成功了一半

如果一个人没有目标，他就只能在人生的旅途上徘徊，永远到不了终点。

没有目标，等于失去行动的方向。这个道理再简单不过了，但为什么有很多人总是找不到自己的目标呢？原因就在于他们缺乏确定自己目标的能力。那些成功者，非常善于在行动之前通过自己的思考和判断来找到一个适合自己能力发展的目标，因为在他们看来，找到目标就等于成功了一半。

118

1. 先有大目标，才有前进的方向

心理学家曾经做过这样一个实验：

组织三组人，让他们分别向着10公里以外的三个村子进发。

第一组的人既不知道村庄的名字，又不知道路程有多远，只告诉他们跟着向导走就行了。刚走出两三公里，就开始有人叫苦，走到一半的时候，有人几乎愤怒了，他们抱怨为什么要走这么远，何时才能走到头，有人甚至

坐在路边不愿走了，越往后走，他们的情绪也就越低落。

第二组的人知道村庄的名字和路程有多远，但路边没有里程碑，只能凭经验来估计行程的时间和距离。走到一半的时候，大多数人想知道已经走了多远，比较有经验的人说："大概走了一半的路程。"于是，大家又簇拥着继续向前走。当走到全程的3/4的时候，大家情绪开始低落，觉得疲惫不堪，而路程似乎还很长。当有人说："快到了！""快到了！"大家又振作起来，加快了行进的步伐。

第三组的人不仅知道村子的名字、路程，而且公路两旁每隔一公里就有一块里程碑。人们边走边看里程碑，每缩短一公里大家便有一小阵的快乐。行进中他们用歌声和笑声来消除疲劳，情绪一直很高涨，所以很快就到达了目的地。

心理学家得出了这样的结论：当人们的行动有了明确目标的时候，他们就会把自己的行动与目标不断地加以对照，进而清楚地知道自己的行进速度和与目标之间的距离。为此，他们行动的动机就会得到维持和加强，就会自觉地克服一切困难，努力达到目标。

这使人联想到罗斯福总统夫人与萨尔洛夫将军的一次对话。

罗斯福总统的夫人在本宁顿学院念书的时候，打算在电讯业找一份工作，以补助生活。她的父亲为她引见了自己的一个好朋友——当时担任美国无线电公司董事长的萨尔洛夫将军。

将军热情地接待了她，并认真地问："想做哪一份工作？"

她回答说："随便吧。"

将军神情严肃地对她说："没有任何一类工作叫'随便'。"

片刻之后，将军目光逼人，以长辈的口吻提醒她说："成功的道路是靠目标铺出来的。"

如果人生没有目标，就好比在黑暗中远征。人生要有目标。一辈子的目标,一个时期的目标,一个阶段的目标,一个年度的目标,一个月份的目标,一个星期的目标，一天的目标……一个人所追求的目标越崇高越直接,他进步得就越快,他对社会也就越有益。有了崇高的目标后,只要矢志不渝地努力,就会成为壮举。

胸怀大目标的人,既不会为眼前小小的"成功"所陶醉,也不会被暂时的挫折所吓倒。他们心中十分清楚,在实现目标的过程中,肯定会遇到一些艰难险阻。假如轻而易举就能排除那些艰难,只会向人们表明自己的目标定得太低。若是所有的困难在一开始就被排除得一干二净,会使人们丧失尝试有意义的事情的兴趣。你要学会脚踏实地地处理前进道路上的障碍,终有一天,你会到达目的地。

没有大目标的人很可能只满足于眼前的利益。他的眼睛仅仅是局限于伸手可及的小目标,他只顾及自己的眼前利益。只追求小目标的人,必然会面对这样的悲剧:自己的所作所为只是在空耗自己的青春。

传说,大唐贞观年间,在长安城西的一家磨坊里有一匹马和一头驴子。马和驴子是好朋友,经常在一起谈心。马负责为主人拉车运货,驴子的工作是在屋里推磨。贞观四年,这匹马被玄奘大师选中,接受了一项艰巨的任务,与大师一起动身去天竺国大雷音寺取"三藏真经"。

13年后,这匹马跟着大师经历了千辛万苦,驮着佛经回到长安。大师受到重赏,而马也被人们精心打扮一番,与大师形影不离,跟随大师去全国各地讲经。不久,朋友见面,老马跟驴子谈起了旅途的经历:浩瀚无边的沙漠、高入云霄的峻岭、火焰山的热浪、流沙河的黑水……驴子听了神话般的故事,大为惊异。

驴子惊叹说:"马大哥,你的知识多么丰富呀!那么遥远的路程,那种神奇的景色,我连想都不敢想。"

马思索了一下,感叹道:"老弟,其实这几年来我们走过的路程是差不多的。"

驴子不理解:"怎么会?我的确一点儿见识都没有长!"

马说："你想，我在往西域走的时候，你不是一天也没有停止拉磨吗？不同的是，我同玄奘大师有一个遥远而明确的目标，始终按照一贯的方向前进，所以我们开了眼界；而你却被人蒙住了眼睛，一直围着磨盘打转转，所以总也无法走出这个狭隘的天地。"

这个故事告诉人们，没有大目标的人，无论在生活中，还是在事业上，他都容易随波逐流。世界上最贫穷的人并不是身无分文的人，而是没有大目标的人。想别人之不敢想，做别人之不敢做。只有胸怀天下，目标远大者才会取得巨大的成功。每个人来到这个世上，就是希望能够快乐地生活，实现自己的理想。如果你追求的是大目标，你就不会满足于现状，你就会奋斗不息、追求不止。

在工作中，有的人喜爱随意，"到时再说吧"，他们从来没有一个长远的计划和明确的目标，他们永远被拒绝在成功的门外。只有先有了目标，才有了成就大事的希望，才有了前进的方向。

一个人的行为总是与他意志中的最主要思想互相配合的，这已是大家公认的一项心理学原则。特意深植在脑海中并维持不变的任何明确的主要目标，在我们下定决心要将它予以实现之际，它都将渗透到整个潜意识中，并自动地影响我们身体的外在行动。

要改变自己的生活，必须从培养期望做起。但光有强烈的期望还不够，还得把这种期望变成一个目标。这就是说，你应该用想象力在脑袋里把目标绘成一幅直观的图画，直到它完完全全实现。俗话说："有丰富的计划，就有丰富的人生。假如你能确立人生目标，就已经踏出成功的第一步。"

譬如说，你对自己在学校里的学习成绩不够满意，想改变自己的落后成绩，取得更高分数，那么你就必须确立一个你所向往的明确目标，而不是一个模糊不清的想法。像"我想让更多的课程达到及格分数"或者"我想取得更好的成绩"的想法是不行的。你的期望必须是一种具体的目标，"这学期的五门课程我一定要通过其中的四门"或者"这学期我一定至少要得两个'A'和两个'A+'。"

如果你的目标是想获得更好的工作，那你就必须把这一工作具体描述出来，并自我限定准备哪一天得到这份工作。你绝不能对自己说："我希望有一个更好的工作，也许是推销员吧！"你必须用肯定的语气说："我希望有一个更好的工作，没错，我想当推销员。我要推销某种商品。我去找叔叔谈谈吧，向他请教请教，因为他已从事好几年的推销工作了。然后我向招聘推销员的7家公司发送我的简历，过一个星期，我再致电每家公司，请他们替我安排一次面谈。"

如果你的目标是使家庭更加美满幸福，那你就必须确切地描述一下如何使你的婚姻状况得到改善。你必须把你所希望出现的那种美满婚姻描述出来——希望能与妻子(丈夫)更深入地沟通，把所有藏在心中的话都说出来；你为了改变生活准备采取什么行动；你们夫妻俩能一起参加某项活动；你还必须找出最有利于沟通的时间，但千万别是对方拖着沉重的工作压力刚踏进家门时。

美国电影演员理查·伯顿通过切身体验发现，制定一个目标是多么重要。他是一名声誉极高的演员，事业上颇有成就。可有一次他表演失败了，一时想不开，便常常喝得酩酊大醉，想以此消愁，结果是"借酒消愁愁更愁"，不仅糟踏了自己的身体，还差点毁了自己的演艺生涯。

后来，伯顿在其主演的一部影片获得极大反响以后，决心要戒酒。因为他逐渐感到，由于酒喝得太多，他甚至连台词都记不大住了。他说："我很想见见与我合作过的那些演员，我知道他们的演出都十分出色，可我现在连一个镜头都回想不起来了。"

这一痛苦经历促使他产生了要改变自己生活的强烈愿望。他为自己制定了一个具体目标，即严格地控制自己，过一种"与酒告别"的生活。他对自己期望的未来制定了明确的目标，甚至对与喝酒的朋友在一起会损失什么，也认真考虑了一番。他明白，在漫长的人生过程中，他必须改掉自己的一些不良习惯。他也相信，只要确定了某个具体目标，他就能实现它。

伯顿为自己制订了一个治疗计划，每天游泳、散步，并严禁喝酒。经过两年的努力，他终于达到了目标。他又重新组织了一个家庭，过着美满、幸福的新生活。他兴奋地说："我的工作能力完全恢复了。我发现自己的动作或思考比酗酒时更加敏捷，我的精力更充沛，脑子也转得更快了。"

伯顿成功了。你也应该培养你自己的某些强烈的期望，并把它们转变成你生活中的具体目标。

心理学上有一种"自我暗示"的方法，即运用潜意识将你的明确目标深刻印在心中。拿破仑借助此法，让自己从出身低微的科西嘉穷人变成了法国的君主；林肯也是借助于同样的方法，跨越了一道宽广的鸿沟，走出肯塔基山区的一栋小木屋，最后成为美国总统。

潜意识也许可以比作是一块磁铁，当它被赋予功用，在彻底与任何明确目标发生关系之后，它就会吸引住达成这项目标所必备的条件。甚至在大自然中，在每一片草叶以及每一棵树木身上，你都可以看到这项原则的证据。橡树的种子从泥土及空气中汲取必要的物质，使它得以长成一棵大橡树，而绝不会长成一棵一半是橡树、一半是杨树的"怪树"。

我们再从经济的角度来考虑这个问题。如果一艘轮船在大海中失去了方向，在海上打转，它必然很快就会把燃料用完，却仍然到达不了岸边。事实上，它所用掉的燃料，已足够使它来往于海岸及大海中心好几次。

一个人若是没有明确的目标，以及达成这项明确目标的计划，不管他如何努力工作，都像是一艘失去方向的轮船。辛勤的工作和一颗善良的心，并不足以使一个人获得成功，因为，如果一个人并未在他心中确定他所希望的明确目标，那么，他又怎能知道他已经获得成功了呢？

在一个人选好工作上的明确目标之前，他的心是摇摆不定的，因此他会把他的精力和想法浪费在其他无关紧要的事情上。这不但使他无法获得任何能力，反而使他变得优柔寡断或怯弱。只有当他向着生命中一项明确目标前进时，他才能产生巨大的力量去实践他的目标。

一个人过去或现在的情况并不重要，他在将来想要获得什么成就才是最重要的。除非你对未来有理想，否则便是做不出什么大事来的。

目标是对所期望成就的事业的真正决心。目标比幻想好得多，因为它能被实现。如果一个人没有目标，他就只能在人生的旅途上徘徊，永远到不了终点。

正如空气对生命一样，目标对成功者也是绝对的必要。如果没有空气，就没有人能够生存；如果没有目标，就没有任何人能成功。

2. 从小目标开始突破

如果将最后的终极目标分解成具体的小目标，逐一实现，你将可以尝到成功的喜悦。

有些人常妄想自己能一步登天，他们常做白日梦，想一夕成名，一下子变成一个亿万富翁。实际上，这是不可能的。一是由于你的能力并不够，二是由于成功必须经过长久磨炼。因此，真正的成功者，他们善于化整为零，从大处着眼，从小处着手。你明白什么叫"从大处着眼，小处着手"吗？请阅读下面的故事，它将告诉你一个成功的基本道理，那就是学会从小目标开始逐步突破。

杰瑞25岁的时候，因失业而过着三餐不继的生活，为了躲避房东的讨债，他白天就在马路上闲逛。

某天，他在街上偶然碰到了著名歌唱家夏里宾先生。杰瑞在失业前曾经采访过夏里宾先生。但是让他没想到的是，夏里宾先生竟然一眼就认出了他。

"很忙吗？"夏里宾先生问杰瑞。

杰瑞含糊地应了声，他想夏里宾先生看出了他的失意。

"我住的旅馆在第103号街，跟我一起走过去好不好？"

"走过去？但是，夏里宾先生，60个路口，可不近呢。"

"胡说，"夏里宾先生笑着说，"只有5个路口。"

"……"杰瑞不解。

"是的，我说的是第6号街的一家射击游艺场。"夏里宾先生接着说道。这话有些答非所问，但杰瑞还是跟着他走了。

"现在，"到达射击场时，夏里宾先生说，"只剩11个路口了。"

没多久，他们到了卡纳奇剧院。

"现在，还有5个路口就到动物园了。"

就这样走着走着，两人在夏里宾先生的旅馆前停了下来。奇怪得很，杰瑞并不怎么觉得疲惫。

夏里宾先生开始解释为什么杰瑞并不感到疲惫的理由："今天这种走路的计算方式，你绝对要常常记在心里，这是一种生活的艺术。无论你与你的目标距离有多么遥远，都不要担心，只把你的精神集中在5个路口的距离，别让那遥远的未来使你烦闷。"

没有目标的人注定不能成就大事。但如果目标过大，你应学会把大目标分解成若干个具体的小目标，否则过了一段很长的时间后，你依然达不到目标，你会觉得非常疲惫，进而产生懈怠心理，甚至你可能会认为没有成功的希望而放弃继续追求。如果将最后的终极目标分解成具体的小目标，逐一实现，你将能尝到成功的喜悦，继而产生更大的动力去实现下一阶段的目标。

许多人做事之所以会半途而废，并不是因为那件事的难度高，而是因为他认为现实距离梦想太远，正是这种心理上的畏难情绪导致了他的失败。若把长距离分解成若干个短距离，逐一跨越它，就会轻松许多。而目标具体化可以让你清楚当前该做什么，怎样才能做得更好。

有人说，我长大以后要做一个伟人。这个目标太不具体了。就像我们小时候写作文，题目是"将来长大做什么"，有的同学就说："我长大了要做总统。"这个目标就有点太笼统了，只能当作少年时一个美好的神话。

目标必须具体，比如你想把英文学好，那么你就定一个具体目标，比如每天一定要背十个单词、一篇文章，要求自己在一年之内能看懂英文书报。

由于你制定的目标很具体，如果能按部就班做下去，目标就容易达到。

有人曾经做过这样一个试验，他把选手分成两组，让他们去跳高。两组组员的个子都差不多，先是全部一起跳过了六尺的高度，然后再把他们分成两组。他对第一组说："你们能跳过六尺五寸。"而对第二组只说："你们能跳得更高。"然后让他们分别去试跳。结果第一组由于有"六尺五寸"这样一个具体的目标，他们每个人反而都跳得更高，但第二组因为缺乏具体数字的目标，所以他们只跳过六尺多一点，不是所有的人都跳过了六尺五寸。为什么呢？就是因为第一组的组员有了一个具体目标。

黑泽是一位拥有出色业绩的推销员，可是他一直都希望能跻身公司业绩排行榜的前几名。不过这只是他的一个愿望，他一直放在心里，并没有真正去争取过。直到三年后的某天，他读到了一句话，"如果让愿望更加明确，就会有实现的一天。"

于是，黑泽当晚就开始设定自己期望的总业绩，然后再逐渐增加，这里提高5%，那里提高10%，结果他的顾客增加了20%，甚至更高。这激发了黑泽的斗志，从此他不论在任何状况下，不管从事任何交易，都会设立一个明确的数字作为目标，并总能在一两个月内完成。

"我觉得，目标越是明确，我越能感到自己对达成目标有股强烈的自信与决心。"黑泽说。他的计划里还包括想得到的地位、想得到的收入、想具有的能力等。然后，他把所有的客户拜访资料都记录得十分详尽，并且在相关的业界知识方面努力累积。终于在第一年的年尾，黑泽的业绩创造了空前的纪录，提升了好几个百分点。

黑泽自己下了一个结论："以前，我不是不曾考虑过要扩展业绩、提升自己的工作成就，但是因为我从来只是想想而已，没有付诸行动，当然所有的愿望都落空了。自从我明确设立了目标，以及为了实现目标而设定具体的数字和期限后，我才真正感觉到一股强大的动力正在鞭策着我去达成它。"

在平常生活、工作中，我们都会有自己的目标，而你的成功关键就在于你能否把目标细小化、具体化。

别自觉前方的成功太遥远，或害怕人生旅途中会有意外阻挡你的脚步而放弃追求、放弃希望。只要想着再走十步，那么不知不觉你就会向前走了一万步。

3. 设定目标，需要主动出击

设定清晰的目标不是一个被动的行为，它不会自动发生。你必须采取有意识的行动才能做到。每件事都很肯定，没有什么是模糊的。你不是正向目标前进，就是离它越来越远。

如果你什么都不做或是稀里糊涂地做，那你基本上就是"漫无目的"的受害者。换句话说，你在用自己的时间为别人的目标服务却还不自知。你傻乎乎地为房东、广告商、股东等人拼命赚钱，每一天你都稀里糊涂地这么干着，不知道自己正往哪里去，这对你自己来说就是又往后退了一步。如果你不主动照看自己的花园，杂草就会疯长。杂草可不需要浇水或施肥，只要没有尽责的园丁，它们就会自己乱长。同样地，在你的工作和你的生活上，如果没有自觉而定向的行动，那里也会"杂草丛生"。你什么也不必做就会变成那样。你应当认真严肃地检视自己身在何方及将去往何处，并且首要的任务就是把那些"杂草"根除。

(1)清醒是一种选择。

如果你一直在没有重点地开展着你的事业，只是每天早上醒来等着事情发生，那对你来说花点时间决定和写下"你究竟想去哪儿"就是至关重要的。你还要花多长时间来爬那把"成功之梯"，到头来却发现它靠错了地方。赶快选好未来的一个点，不管是今后六个月还是五年，然后花上几个小时写出你希望自己到那时成为什么样子。我知道许多人其实并不确定他们想去哪，所以他们拒绝做任何书面承诺，以便能让他们"保持开放的选择权"。

要是你持这种态度,会产生怎么样的一个结果呢?你将永远都得不到提升、无法开展你的事业、没法结婚、没有家庭、搬不了新家,等等,除非有其他人帮你做决定。

曾经有个这样的朋友,到现在仍然不知道自己想干什么。他把自己生活的控制权交给了别人却不自知。只不过因为害怕做出错误的选择,他便因此不愿花时间来设计自己的未来。他的生活由他人支配着,那些人把他们自己的目标压到他身上,而他也就默认了。问问你自己是否也跟这位朋友一样,是同一条船上的人。要是有个朋友能够随便支配你的生活、你的事业、你的生活状况、你的人际关系,等等,你就能够完全肯定他对你的所作所为都是对的吗? 要是一个生意合伙人突然出现,在你还未能有意识地决定这种改变是否与你的目标一致时,就彻底改变了你本周的计划,事情又会变成怎样? 如果我们没有为自己设定清晰的目标,就会在这样的情况下受到伤害。认清一个真正的机会并采取行动,和在一个没有自我决策的情况下就采取行动完全是两回事。

等着能鼓舞你的东西出现,和期盼天上掉馅饼一样,不过是个幻想。清晰的决策不会自动发生,你始终必须身体力行地让它发生。如果你只是因为不知道想要什么而没有设定清晰的目标,那就坐下来积极地思考你想要什么。对自身渴望的了解,并不是由某种神力赋予你的,你得自己决定。不设定自己的目标,就等同于决定让自己成为他人目标的奴隶。

(2)清晰的目标使决策更清晰。

你的现实并不会与你的愿景匹配得天衣无缝。那不是重点,重点是,你的愿景能够让你做出清晰的"每日决策",以便让你保持在向目标前进的方向上。当一架商业客机从一座城市飞往另一座城市之际,它有90%的时间是脱离航线的,但它一直在测量自己前进的方向,并不断调整。目标设定的原理也是如此。保留一张目标清单,并不是因为那就是你最终会到达的地方,而是因为它能让你决定今天该干什么。当别人突然告诉你一个"机会"时,你会知道那是真正的机会,还是仅仅在浪费时间。

当你开始朝目标前行时,沿途会遇到许多新鲜事物,你会边走边修改你的计划。如果走到半路，你发现那不是你真正想要的，你也可能会改变你的愿景。有缺陷的目标仍然比彻底没有目标要好得多。

曾经有人告诉我，每天结束时，他都要在日历上划掉那一天，然后大声说："我的生命又过了一天，永远回不来了。"你也试试这个，然后注意一下它会在多大程度上让你更集中精力。当你结束一天时会感到"如果这一天还能重来，你还会用同样的方式度过"时，你就会产生一种感谢的心情，这种心情能帮你集中精力在对你真正重要的事情上。而当你以一种懊悔或失落的心情结束一天时，你就会觉醒，并设法用不同的方式度过第二天。

在你建立了清晰的、并心甘情愿为之付出的目标的第一天，你就会发现你的生活有了可以度量的改变——即使一开始的尝试并不完美。你可以比以往更加迅速地做出决策，因为你知道这些决策会把你引向或带离你的目标。沃尔特·迪斯尼临终前夜，有个贴身记者守在他的床边，分享他对迪士尼乐园的愿景。这是迪士尼乐园竣工前六个月的事情。当迪士尼世界最终开放时，另一位记者对沃尔特的兄弟罗伊说："沃尔特没能看到这些实在太可惜了。"罗伊答道："沃尔特是最先看到它的人。所以我们今天才能看到它。"

凭借那些你设定的，并渴望的目标，并把它们写下来，每天回顾，你就能用聚焦的力量把它们变成现实。

4. 设定目标失败的七大原因

我们是否总能制定一个伟大的、并且能持续坚持的目标？为什么你制定了目标却仍然失败？也许失败已经让你觉得设定目标毫无用处，可是真的如此吗？

那么，你有静下来想想为什么你的目标会失败吗？

你很可能犯下了以下一些错误：

(1)太多的长期、中期目标。

你是否设定了太多的目标，并且天真地希望自己全部都能一一实现。这不是不可能，但太多的目标意味着你精力的分散，特别是当你拥有太多的长期目标和中期目标时。

学习一门新技能、减肥20公斤，等等，这些都需要花费至少几个月的时间才可能达到。如果你设定了太多诸如此类的大目标，你就会被牵着到处走，反而又变成没有目的性的了。所以，建议你只留2~3个长期、中期目标，通过将大目标分解为若干个小目标，落实到具体的每天每周的任务上。

(2)不明确个人的目标。

你为什么要设定这个目标？达到这个目标对你意味着什么？当你达到目标后你会有什么感觉？如果你对这些问题都还不是很清楚，说明今年你还不是特别急切地希望达到这些目标。

有了一个明确的目标，即使面对艰难和挑战，你仍然急切地想要竭尽所能来达到它。所以，你需要十分透彻地明白你制定的目标对你的意义。否则，你只会很容易忘记它，并且很难会有进展。

(3)不把它们写下来。

想要记住并且开始执行自己的目标，最好的办法就是把它写下来。描述你的目标是什么，你要怎样达到它。如果你从来没有将目标记下来过，那现在就把你的目标写下来。

将目标写下来，可以帮助你梳理那些含糊不清、条理不顺的想法。记住，明确的目标才能保证你的成功，而明确的目标不是简单地用脑袋想想就能全部明白的。所以，花点时间，坐下来仔细把你的目标写下来。

(4)不能每天都看到自己的目标。

人类是健忘的动物。即使你有将目标写下来，可能你还是会将它忘记。要让自己深深记住某个目标，要在潜意识里不断提醒自己不能忘记这个目标，最好的方法就是"重复"，让自己天天都可以看到自己的目标。

你可以把自己的目标放在每天可以看到的地方，如写在记事本里、通过电脑提醒,等等。

(5)不去定期回顾自己的目标。

我想你已经知道回顾的重要性,定期回顾可帮你确定自己是否朝着目标前进,有没有取得预期的成功。

就像飞行员驾驶飞机时,需要定时检查和修正飞行的航线。定期回顾可以使你发现目标和计划中出现的问题,并且找出解决办法。

(6)只有你自己知道自己的目标是什么。

将你的目标告诉别人,因为需要给你一点压力。也许你害怕对别人做出承诺,但是一旦你将自己的目标告诉别人后,只会迫使你要对自己的目标负责。

你很可能会感到别扭,那就告诉自己的亲人和朋友吧。保证一定要完成目标,并且让他们监督你。如果你还在乎自己在他们心中的优秀形象,那就赶快执行这个目标吧。

(7)得不到别人的支持。

一个好汉三个帮,去完成目标并不意味着你是一个"独行侠"。相反,你还需要家人、朋友等的支持。

例如,如果你打算减肥,但是你的家人却每天吃快餐,这绝对不会对你有帮助;如果你想培养早起的习惯,室友却每天睡懒觉。你最好也把你的室友拉进你的计划中。向你周围的人谈谈你的目标和计划,要求他们给你提供多少支持,不管是精神上的还是物质上的。

5. 目标要专一,人不可能同时追两只兔子

如果你的人生没有一个专一的目标,那么无论你做事多么努力、多么勤奋、多么专注,你这辈子注定也是失败的。

有一则以三国赤壁之战为背景的寓言，这个寓言的大意是这样的：北方来的一条猎狗，追赶一只兔子，追到荆州时，看中另外一只兔子，于是这条猎狗对两只兔子同时追起来，一直追到赤壁。两只兔子为求自保，开始联合起来对付这条嚣张的猎狗。在赤壁这个地方，两只兔子狠狠地教训了一顿猎狗。猎狗被教训后，狼狈地逃回了北方。两只兔子从此获得了新生。

我们站在现今的立场，再回过头来看这条猎狗时，发现这条猎狗犯了好几个错误。

这条猎狗从北方一路赶来追兔子时，捎带着拣了些骨头，把荆州得了去，迫使这只兔子不得不继续逃跑。即使如此，这只兔子还是在当阳被猎狗咬了一口，带着伤的兔子又继续逃跑。按理说，猎狗应该对这只兔子穷追猛打，一直把兔子咬在嘴里，叼回家才是，这才符合基本规律。

这个时候，戏剧性的事情发生了。猎狗眼里出现了另一只兔子。这条猎狗不去追已经受伤的兔子，却反过头来追这只刚发现的兔子。受伤的兔子赶紧找到那只刚被追的兔子，两只兔子一合计，决定一起对付这条疯狂的猎狗。

这只猎狗在拣了便宜后，应该好好地把骨头啃一啃，养养精神，再去追兔子也不迟，然而它却在自己没有吃饱的情况下，继续追赶兔子，最后反而被两只兔子算计了一番，结果它一只兔子也没有吃到，捎带着连骨头也被兔子抢了一半去。

事实上，我们中的很多人，在笑话这条愚蠢的猎狗的时候，自己不知不觉中也成了这条猎狗。

我们无须再对猎狗的错误做过多的分析了，其实，这条狗之所以失误，通过一个非常简明的数学逻辑就可以看出："$(1 \div 2) \times 100\% = 50\%$"。试想，一条狗同时追两只兔子，就不仅仅是"分心"的概念了，它只有50%的成功率，基本上等于半途而废。

人尽管有两条腿，但只能走一条路。再厉害的人，哪怕他会分身术，也只能活上一辈子。从数学逻辑上看，你的人生的成败就决定于你对追寻目标的把握上。用人的一生除以唯一的目标，成功率就是100%；若用人的一生除以两个目标，成功率就成了50%；以此类推，追求的目标越多，成功的概率越小。你的人生之路、事业的追求也就越渺茫。

人一辈子的得失成败、人和人之间的差距和区别，往往就取决于"1÷1、1÷2、1÷3……"这些简单的数学逻辑上。大凡出类拔萃者，多是目标始终如一的人。奇怪的是，在现实生活中，绝大多数的人都把小学时就学会的简易除法忘了，拿单一的人生除以杂七杂八的追寻和欲望，使自己的成功率（也就是除法所得的商）一再变小，直至迷失了自我、虚度了人生。

因此，如果你真想追到兔子的话，那么，千万不要同时去追两只不同方向的兔子。尽管你追到了一只，会很遗憾另一只跑了，但你真正应该庆幸的是，你没有同时追两只兔子，否则，你遗憾的就不是另一只跑了，而是一只没追到。

"年轻人事业失败的一个根本原因，就是精力太分散。"这是戴尔·卡耐基在分析了众多个人事业失败的案例后得出的结论。事实的确如此。许多生活中的失败者几乎都在好几个行业中艰苦地奋斗过，然而如果他们能把自己的努力投入在同一个方向上，就足以使他们获得巨大的成功。

"瞧这儿，"一个农场主对他新来的帮手杰罗克说，"你这种犁法是不行的，你都犁歪了，在这样弯曲的犁沟中，玉米会长得很混乱。你应该让你的眼睛盯住田地那边的某样东西，然后以它为目标，朝它前进。大门旁边的那头奶牛正好对着我们，现在把你的犁插入土地中，然后对准它，你就能犁出一条笔直的犁沟了。"

"好的，先生。"10分钟以后，当农场主回来时，他看见犁痕弯弯曲曲地遍布整个田野，便大喊道："停住！停在那儿！"杰罗克说："先生，我绝对是按照你告诉我的在做。我笔直地朝那头奶牛走去，可是它却老是在动。"

因为目标总是在变动，你就不得不在这个目标和那个目标之间疲于奔命，这是一种缺少头脑，而且是非常笨拙的工作方法。这种行事方法除了为你招致失败以外，还能为你带来什么呢？

爱迪生说过，高效工作的第一要素就是专注。他说："能够将你的身体和心智的能量，锲而不舍地运用在同一个问题上而不感到厌倦的能力就是专注。对大多数人来说，他们每天都要做许多事，而我只做一件事。如果一个人将他的时间和精力都用在一个方向、一个目标上，他就会成功。"

帕瓦罗蒂是世界歌坛上的超级巨星，当有人向他讨教成功的秘诀时，他每次都提到自己问过父亲的一句话。从师范学院毕业之际，痴迷音乐的帕瓦罗蒂问父亲："我是去当教师呢，还是去做个歌唱家？"父亲沉思了片刻回答道："如果你想坐在两把椅子上，你可能会从两把椅子中间掉下去。生活要求你必须有选择地坐到一把椅子上去。"

帕瓦罗蒂为自己选择了一把椅子——歌唱。经过了7年的努力，帕瓦罗蒂才首次登台演出；又过了7年，他终于登上了大都会歌剧院的舞台。

"只选一把椅子"，多么形象而切合实际的理念。古人云：要有所为，有所不为。这就是说，只能确定一个目标，这样才能凝聚一个人的全部合力，集中力量将目标攻下。这种理念，与其说是一种严肃的哲学思考，倒不如说是人们为了生存和发展得更好的一种本能的自我优化。

"只选一把椅子"，意味着在选准全力以赴的事业时，也选择了一种生活。就像贝多芬与音乐、柏拉图与哲学、毕加索与绘画、司马迁与史学、陈景润与数学、袁隆平与水稻……他们各自所选定的唯一一把人生"座椅"，决定了各自的人生轨迹及留给后世的声誉。

6. 未来安排不了，但预见得了

一个人的明天会是怎样，我们可以想象、憧憬，但是无法提前安排好。然而，对一个想做出大成就的人来说，应该对自己的未来有所预见，否则就会陷入眼前的困惑中走不出来，不仅会减缓你成功的速度，也容易使你多走弯路，甚至遭遇困境。

公元前415年，雅典人准备攻击西西里岛，他们以为战争会给他们带来财富和权力。但是他们没有考虑到战争的危险性和西西里人顽强的抵抗。由于求胜心切，战线拉得太长，他们的力量被分散，再加上面对着所有联合起来的敌人，他们更难以应付。雅典的远征导致了古希腊文明的衰落。

一时的心血来潮导致了雅典人的灭顶之灾。胜利的果实的确诱人，但远方隐约浮现的灾难更加可怕。因此，不要只想到胜利，还要想着潜在的危险。有可能这种危险是致命的，不要因为一时的心血来潮而毁灭了自己这辈子的梦想。

对自己的未来没有预见的人，他往往会被眼前的利益蒙蔽双眼，而看不到远方的危险。所以，要学会高瞻远瞩，培养自己预见未来的能力。拥有开阔的眼界，才能扩大你的人生格局。

培养自己预见未来的能力，要先从培养细致准确的观察力和超前思考的能力入手。众多杰出人士的一大共同点就是善于观察和思考。通过这两项能力，他们才能看到别人看不到的前方，才能高瞻远瞩地看清时代的发展方向。他们的思维总是超前的，所以他们能够引领时代的潮流。比尔·盖茨放弃了假期的休闲与娱乐，甚至放弃了哈佛大学的学业，与朋友保罗·艾伦投入计算机"0"与"1"的世界，因为他对世界计算机业进行了长期的观察，并进行了理性的分析和思考，从而预见到"计算机像电视机一样普及的时代就要到来了"。而且，他们还预见到"计算机软件将是整个计算机的灵魂"。最终，他们获得了成功，他们使"微软"拥有了财富，使世界拥有了"微软"。

显然，比尔·盖茨拥有预知未来的前瞻力，而且他能够用这种能力指导自己的人生规划，并最终取得了成功。

在预见未来的时候，人非常容易犯"想当然"的错误。许多认识上的错误都是由"想当然"造成的。事实上，世界上的事物是错综复杂的，一个条件可能得出多种结果，一果亦可能多因。影响事物发展变化的，除了必然性，还有偶然性。

一位学者指出："要使自己有一个优秀的大脑，勿被'看起来似乎理所当然的事'所迷惑。"

这种"想当然"的猜测不是科学的预见，它会将我们的人生规划和行动引向歧途。所以我们要尽力减少"想当然"的错误，时时提醒自己不要轻易地给自己的这辈子下结论。时时提醒自己：我的判断充分吗？我的预测合理吗？只有这样，才能做出理性的判断和有价值的预见。

"要是我早点开始就好了"，这是很多人到了一定年龄后的感叹。为了避免将来后悔，最好及早开始。当然，人的预见不可能永远正确，肯定也有失误的时候，不过，以失误最少者为指针，则是不变的方法。能够弥补这种失误的，就是多观察、多思考，用理性的头脑分析问题。成功者都是在不断的预见、不断的思考中创造辉煌的。

著名演员周迅在18岁之前，是个不知道自己想要什么的人。那时她每天就在浙江艺术学校里跟着同学唱唱歌，跳跳舞。偶尔有导演来找她拍戏，她就会很兴奋地去拍，无论多小的角色。

如果没有老师跟她的那次谈话，那么也许直到今天，仍然没有人知道周迅是谁。

那是1993年5月的一天，教专业课的赵老师突然找她谈话："周迅，你能告诉我，你对未来的打算吗？"

周迅愣住了。不明白老师怎么突然问她如此严肃的问题，她更不知道该怎么回答。

老师问周迅："你对现在的生活满意吗？"她摇摇头。

老师笑了："不满意的话证明你还有救。你现在就想想，十年以后你会是什么样？"

老师的话音很轻，但是落在周迅心里却变得很沉重。她脑海里顿时开始风起云涌。沉默许久，周迅看着老师的眼睛，忽然就很坚定地说："我希望十年以后自己成为最好的女演员,同时可以发行一张属于自己的音乐专辑。"

老师问:"你确定了吗?"

周迅慢慢地紧咬着嘴唇回答:"是——",而且拉了很长的音。

老师接着说:"好,既然你确定了,我们就把这个目标倒着算回来。十年以后,你28岁,那时你是一个红透半边天的大明星,同时出了一张专辑。

"那么你27岁的时候,除了接拍各种名导演的戏以外,一定还要有一部完整的音乐作品,可以拿给很多很多的唱片公司听,对不对?

"25岁的时候,在演艺事业上你就要不断进行学习和思考。另外在音乐方面一定要有很棒的作品,并开始录音了。

"23岁就必须接受各种各样的培训和训练,包括音乐上的和肢体上的。

"20岁的时候就要开始作曲、作词。在演戏方面就要接拍大一点的角色了。"

老师的话说得很轻松,但是周迅却一阵恐惧。这样推下来,自己应该马上着手为自己的理想做准备了,可是自己现在却什么都不会,什么都没想过,仍然为小丫鬟、小舞女之类的角色沾沾自喜。她觉得有一种强大的压力忽然袭来。

老师平静地笑着对她说:"周迅,你是一棵好苗子,但是你对人生缺少规划,你的人生散漫而且混乱。我希望你能在空闲的时候,想想十年以后的自己到底要过什么样的生活,自己到底要实现什么样的目标。如果你确定下了目标,那么希望你从现在就开始做。"

一年以后,周迅从艺校毕业了。老师的话从那天开始就一直刻在了她的心底——想想十年后的自己。是的,当她意识到这是一个问题的时候,她发现她整个人都觉醒了。

从学校毕业后,周迅开始忙于接拍各种各样的影视剧。因为她始终记得,十年后她要做最成功的明星,所以她对角色开始很认真地筛选。后来她拍了《那时花开》,拍了《大明宫词》,渐渐地被大家接受,她也慢慢地尝到了成功的快乐。

2003年4月,恰好是老师和周迅谈话后的十周年。不知道这是偶然还是必然，周迅居然真的拥有了属于自己的第一张专辑《夏天》。

周迅说："其实你和我一样。如果你能及时地问自己一句，'十年后我会怎么样'？你会发现，你的人生就会在不知不觉中发生变化。时刻想着十年后的自己，你会朝着自己的梦想越走越近。"

所谓未来的预见，就是你的愿景，你要将它作为你执行的动力。这个愿景能使你看到奋斗的希望，从而增强你的自信心。当这种自信积累到一定程度，自然会激发你的无限潜能，让你创造出超凡的成就。

7. 志存高远，而不是好高骛远

大多数平凡人都希望自己这辈子能做出不平凡的事，遗憾的是，真正能做到的，似乎总是少数。因为，他们都在经意或不经意间陷进了好高骛远的泥潭里。

理想，我们古代的先辈们称它为"志"。古人重视理想的程度不亚于我们今人，"金榜题名"、"衣锦还乡"，是那时候人们的共同理想。即使贫困潦倒，也要坚守"人穷志不穷"的信念，坚持他们的理想。古人为何如此重视理想呢？因为他们深知理想对人一辈子的重要性。理想是沙漠中的绿洲，是暗夜中的灯光，是吹响生命的号角。诗人流沙河曾说过："理想是石，敲出星星之火；理想是火，点燃熄灭的灯；理想是灯，照亮夜行的路；理想是路，引你走向黎明。"

古人尚且如此，我们今人更不应该落后。其实每个人心中都有一个属于自己的理想。小学时代，老师就经常要我们写有关理想的作文。人不能没有理想，没有理想的人生犹如一张白纸，是没有意义的。理想是一个人对所期望成就的事业的坚定信仰。理想不是幻想，因为它可以实现。但是，我们必须清醒地看到，理想与现实是有差距的。要尊重理想，更要尊重现实。

常常可以听到很多人哀叹自己这辈子"心比天高，命比纸薄"。其中原因，也许不是这些人真的"命运不济"，而原因恰恰在于，他们的"心比天高"。

一个人志气高远，壮志凌云，自然是好事；但是如果他的志气高得虚无缥缈，高得脱离了实际，那恐怕无论他如何奋斗，终其一生也不会实现。那这样的志气就是空想、幻影。当美丽的"泡沫"破灭的时候，就难免要自哀自嗟"命比纸薄"了。

如果一个人立志这辈子要如何如何，但却不充分考虑自己的实际，就会像小蜗牛立志要爬上泰山之巅一样荒唐可笑。

古籍《于陵子》里讲过这样一个故事：

有一只蜗牛志气很大，想要成就一番惊天动地的大业。它的目标是：首先东上泰山，估计得走三千年；然后南下江汉，也得走三千年。而当它反观自身时，算了算，它只能活一天了。于是这只蜗牛悲愤至极，转眼已枯死在蓬蒿之上，徒留下笑柄而已。

做人应该有志气，要立大志，确定人生理想和目标。但在为自己绘制奋斗蓝图时，一定要切合自身实际。"志当存高远"，但并不是说可以完全不顾自身的实际和社会的需求，一味追求"高远"。一个根本不可能实现的理想，只能是妄想空谈。这样的"志向"不但不能激发起前进的动力，反而会挫伤你的斗志，使你耽于幻想，一辈子一事无成，甚至自暴自弃，像那只蜗牛一样悲愤而死。

《于陵子》中的那只蜗牛的错误不在于它只有志向没有行动，而在于它不能从自身实际出发，树立一个切实可行的奋斗目标。这只志向远大的蜗牛不是不想行动，而是无论它怎样行动，它的理想都根本不可能实现。此时，它应当做的是重新认识自己，修正自己的志向，而不是"悲愤至极"。

世界上大多数人都是平凡人，但大多数平凡人都希望自己这辈子能做出不平凡的事。他们梦想成功，梦想自己的才华获得赏识、能力获得肯定，拥有名誉、地位、财富。不过，遗憾的是，真正能做到的人，似乎总是少数。

好高骛远者往往把自己的理想设计得高不可攀,而根本不知道应该把理想与自己的实际力量联系起来。

就像有些人做事情从来不考虑自己的能力如何,于是做出了不切实际的决定,不是遭到失败就是弄出荒谬可笑的事情来。对那些根本不可能的事,还是不要痴心妄想的好。

一个人虽有许多种力量,但实力是建设人生的最重要的手段和最基本的力量。在奔赴成功的艰辛路途中,我们绝不能好高骛远,我们凭借的,只有实力。唯有实力才能对你的事业与理想起到帮助和推动作用,使你的人生增值。

被评为"湖南省十大杰出青年农民"的刘九生,是靠做木梳起家的。刘九生高中毕业时正赶上父亲因不慎失足而摔成了残疾,他为了照顾家庭,放弃了高考回到家里,整日过着"面朝黄土背朝天"的生活。年轻气盛的刘九生不甘心一辈子过这种"一潭死水般"的生活,他梦想着有朝一日自己能够发家致富,创一番大事业。为此,刘九生曾做过多种生意,但都未能成功。刘九生的父亲有一手做木梳的手艺,就劝他做木梳。可刘九生认为自己一个大男人,做小木梳有什么出息,不愿意学。

有一天,刘九生正坐在墙角叹气时,父亲走过来,心平气和地对他说:"孩子,是我对不起你,耽误了你考大学。但三百六十行,行行出状元。如果你能把木梳做好,也可以发财啊。你如果愿意学,我明天就教你。"第二天,刘九生就跟父亲学起了做木梳。他专心致志地学,几天就学会了,但他每天只能做几把木梳。他们家所在的地方比较偏僻,他辛辛苦苦把木梳拿到集市上去卖,卖的价格却很低。慢慢地,刘九生有点灰心了。但有一天,他到城里办事,发现城里一把木梳的价钱比家乡集市上要贵几毛钱。于是,他便挨家挨户去收购木梳,做起了木梳的批发生意。他很快就赚了五六万元钱。看到村里人手工做木梳靠的是传统的方法,不仅生产速度慢,有时货源还短缺,他便萌生了办一个木梳厂的想法。

厂子建起来了,他又四处寻找销路。1993年12月的一天,刘九生突然接到衡阳市一家公司老总打来的电话，说想经销他的一些货，但不知木梳质量好坏。刘九生放下电话，就直奔那家单位。当刘九生走进这家单位时，正好碰上这家公司的员工下班。他的心猛地一沉，以为老总可能早就下班了。正当他有点灰心丧气时，忽然发现一个夹着公文包的人从公司走了出来。他怀着碰碰运气的心情上前去问道："请问经理的办公室在哪里？"没想到那个人就是那位老总。那位老总看到刘九生如此勤勉，十分感动，他紧紧握住刘九生的手说："小伙子，你的精神感动了我，我相信你的梳子的质量也是最好的。"这一笔生意，给刘九生带来了两万元的利润。

刘九生就是这样，踏踏实实，凭着自己的努力，走上了事业成功的道路。现在，刘九生的"天天见"公司一跃成为全国最大的木梳生产企业之一，其产品远销东南亚各国，公司总资产已达到千万元。

刘九生的经历告诉我们，要想成功，首先要量力而行。许多人好高骛远，终其一生也一事无成。因为他的精力都耗损在焦躁的期盼中，对要做的事情并未真正投入必要的精力，看上去很忙，实际上是"穷忙"、"瞎忙"。

因此，如果你好高骛远，那就犯了一个大错误。目标远大固然不错，但目标就好像靶子，必须在你的有效射程之内才有意义。如果目标太偏离实际，反而无益于你的进步。

好高骛远者首要的失误在于他们不切实际，既脱离现实，又脱离自身，总是这也看不惯，那也看不惯。他们或者以为周围的一切都和自己为难，或者不屑于周围的一切，终日牢骚满腹，认为这也不合理，那也有失公允。

不能正视自身，没有自知之明，是好高骛远者的突出特征。其实每个人都该掂量一下自己有多大的本事，有多少能耐，不要沾沾自喜于过去某方面的那一点点成绩。要知道自己有什么缺陷，不要以己之所长去比人之所短。

脱离了现实便只能生活在虚幻之中，脱离了自身便只能见到一个无限夸大的"变形金刚"。没有坚实的基础，就只能看到空中楼阁、海市蜃楼。没有切实可行的方案和措施，只有空空洞洞的胡思乱想，这是造成好高骛远者的人生悲剧的前奏。

好高骛远者打心眼里瞧不起那些每天围绕在身边的小事，他们不屑于做它们，这是造就好高骛远者人生悲剧的根本性原因。他们小事瞧不起，不愿做，而想做大事，却又做不来，或者轮不到他们做，最后终于一事无成。眼看着别人硕果累累，他们空有抱怨、空有妒忌，就像那只可怜的蜗牛。

"三百六十行，行行出状元"。成功之路有千万条，我们也可以学走别人的成功之路，但这并不意味着每个人都可以走那条路。因为人与人在兴趣、能力等诸多方面千差万别，每个人都有着不同于他人的"自身实际"。有志者在确立自己的奋斗目标时，一定要切合这个"自身实际"。

8. 勤奋是最好的人格资产

对想成就大事的人来说，勤奋是最好的人格资产。

毫无疑问，懒惰者是不能成大事的，因为懒惰的人总是贪图安逸，若是察觉有点风险，可能就吓破了胆。另外，懒惰者缺乏吃苦耐劳的精神，总妄想天上掉下来的礼物。但对成功者而言，他们不相信伸手就能接到天上掉下来的礼物，而是相信勤奋必有所获，相信"勤能补拙"这句话的深刻含义。

有些人总是责怪命运的盲目性，其实命运本身并没有那么盲目。命运掌握在每个人的手中，尤其是对那些勤劳工作的人。只有付出，才会有回报。正如只有优秀的航海家才能驾驭大风大浪一样，不识水性的人又怎么会有这项才能呢？从人类历史上的那些成功人物身上，即可窥知一二。在他们成就一番伟业的过程中，一些性格上的小优点，如专注力、持之以恒，等等，往往在他们的事业上发挥着很大的影响力。即使你是天才，也不能小看这些性格优势所产生出的巨大作用，一般人就更不用说了。

有人认为天才不过是教育界的无谓炒作。一位大学校长认为，天才就是不断努力的能力。约翰·弗斯特认为"天才就是点燃自己的智慧之火"，波思则认为"天才就是耐心"。

牛顿被公认为世界一流的科学家。当有人问他到底是用什么方法去创造那些非同小可的理论时，他诚实地回答道："总是思考着它们。"还有一次，牛顿这样陈述他的研究方法："我总是把研究的课题放在心上，并反复思考，慢慢地，起初的灵光乍现终于一点一点地变成了具体的研究方案。"

正如其他有成就的人一样，牛顿也是靠勤奋、专心致志和持之以恒才取得成功的。放下手头的这一课题而从事另一课题的研究，这就是他全部的娱乐和休息。牛顿曾说过："如果说我对社会民众有什么贡献的话，完全只因勤奋和喜爱思考。"

另一位伟大的哲学家克普勒也这样说过："正如古人所言，'学而不思则罔'，对此我深有同感。只有善于思考，所学的东西才能逐步深入。对我所研究的课题，我总是追根究底，想理出个头绪来。"

英国物理学家及化学家道尔顿从不承认他是什么天才，他认为他所取得的一切成就，都是靠勤奋点滴累积而来的。约翰·亨特曾自我评论道："我的心灵就像一个蜂巢一样，看起来是一片混乱、杂乱无章，到处充满嗡嗡之声，实际上一切都整齐有序。这些食物都是通过劳动在大自然中精心选择的。"这里的"劳动"指的就是他所具备的人格优势，并非他才智过人，他只是比一般人更勤劳罢了。

只要翻一翻那些大人物的传记，我们就知道大部分杰出的发明家、艺术家、思想家和著名的工匠，他们的成功都得归功于他们的勤奋和他们持之以恒的毅力。

英国作家狄斯雷利认为，要成就大事，必须精通所学科目，但要精通所学科目，只有通过长时间连续不断地苦心钻研，别无其他办法。因此，某种程度上来说，推动世界前进的人，并不是那些天才人物，而是那些智力平庸却非常勤奋努力的人；不是那些智力卓越、才华洋溢的人，而是那些不论在哪个行业都认真坚持、不畏困难的人。

有一位事业有成的女性，在谈及她那才华出众而又粗枝大叶的儿子时曾慨叹："唉！他缺少坚持到底的毅力，这怎能成大器呢？"天赋过人的人，如果没有毅力和恒心作后盾，他只能绽放转瞬即逝的火花。许多意志坚强、持之以恒，但智力平庸甚至稍显迟钝的人，最后都会超过那些只有天赋而没有毅力的人。正如意大利的一句俗语所说："走得慢但坚持到底的人才是真正走得快的人。"一旦我们养成了不畏劳苦、锲而不舍、坚持到底的工作精神，则无论我们从事什么职业，都能在竞争中立于不败之地。古人所说的"勤能补拙"讲的也就是这个道理。

罗伯特·皮尔正是由于养成了勤奋的工作态度，才成了英国参议院中的杰出人物。当他年纪很小的时候，他父亲就让他站在桌子边练习即席背诵、即席作诗。首先，他父亲让他尽可能地背诵些格言警句。当然，刚开始并没有多大的进展，但日子久了，他也能逐字逐句地背诵出那些格言的全部内容。这一训练似乎可说是为他日后在议会中以无与伦比的演讲艺术驳倒论敌立下了根基，这实在令人佩服。但几乎没有人知道，他在论辩中表现出来的惊人记忆力正是他父亲早年对他严格训练的成果。

在一些最简单的事情上，反复的磨炼确实会产生惊人的效果。拉小提琴看起来十分简单，但要达到炉火纯青的地步，绝对需要多次辛苦的练习。有一名年轻人曾问小提琴大师卡笛尼学拉小提琴要多长时间。卡笛尼回答道："每天12个小时，连续坚持12年。"

一名芭蕾舞演员要练就一身绝技，不知道要流下多少汗水、饱尝多少苦头，一招一式都得花上令人难以想象的时间练习，甚至令身体伤痕累累。当泰琪妮在为她的夜晚演出做热身时，往往还得接受她父亲另外两个小时的训练。两个小时过后，她已经筋疲力尽了，想躺下，却连脱衣服的力气都没有，只能用海绵擦洗一下身体，借以恢复体力。有时，人竟然累得完全失去了知觉。可是等她一上台演出，舞台上那灵巧如燕的舞步，往往令人赞叹不已。但谁能知道这是个何其痛苦的历程呢？台上一分钟，台下十年功，一点点进步都是得之不易的。任何伟大的成功都不可能唾手可得。许多著名的科学家和发明家所拥有的都是勤奋刻苦的人生。对想成就大事的人来说，勤奋是最好的人格资产。谁能不停止勤奋的脚步，谁就能够像种子不断从土地里汲取营养那样，不断地向成功的顶端靠近。

如同乌龟怎会害怕兔子灵巧的跳跃动作一样，才智平庸的人对那些缺乏毅力的天才又有何惧？因为往往最后先抵达成功终点的，都是坚持到最后一秒钟的乌龟和才智平庸却不愿放弃的人。

9. "免费的午餐"大多有"陷阱"

不劳而获的"利"往往是"害"的影子。世上没有免费的午餐，也没有白来的利益，但偏偏有人抱着侥幸心理，一次次被空幻的利益牵着鼻子走，一步步陷入人家挖好的陷阱中。

古时有个读书人叫郑单，他博学，口才极好，本来是可以有所作为的，但他很爱占小便宜，被一个骗子骗去了一大笔银子。郑单自然又气又恨，想到各地去漫游，希望能抓住那个骗子。事有凑巧，忽然有一天，他在苏州的阊门又碰上了那个骗子。不等他开口，骗子就盛情邀请他去饮酒，并且诚恳地向他道歉，说是上次很对不起，请他原谅。过了几天，骗子又跟郑单商量说："我们这种人，银子一到手，马上就都花了，当然也没有钱还给你。不过我有个办法，我最近一直在冒充'三清观'的炼丹道士。东山有一个大富户，和我已经说好了，等我的老师一来，就主持炼丹之事。可我的老师一时半会儿又来不了，你要是肯屈尊，权且当一回我的老师吧，等我从那大富户身上取来银子，我们对半分，作为我对你的赔偿，而且还能让你多赚一笔，怎么样呢？"郑单听说有好处，就答应了那个骗子的要求。于是这个骗子就让郑单剪掉头发，装成道士，自己装作学生，用对待老师的礼节对待郑单。那个大富户与扮成道士的郑单交谈之后，深为信服。两人每天只管交谈，而把炼丹的事交给了骗子。大富户觉得既然有师傅在，徒弟还能跑了？不想，那个骗子看时机成熟，就携大富户的银子跑了。于是大富户抓住"老师"不放，要到官府去告郑单。倒霉的郑单大哭，然而等待着他的，却是一场牢狱之灾。

郑单是那种一有好处便昏了头脑的人，甚至他都不愿意思考一下，便答应了骗子的要求，竟然为了一点钱财与骗子一起干起行骗的勾当。他没有想到，骗子许下的承诺是根本不可能兑现的。

抱着侥幸心理，企盼拥有"免费的午餐"，就会像郑单一样被人利用，无法脱身。

在诱人的利益面前，你应该先低声问问自己："这种好事怎么会落在我头上？"多一分小心谨慎，才能少一些危险和磨难。

凡事有利必有害，而"免费的午餐"背后更可能隐藏着大害。从古至今，只有那些明事非、辨利害者，才能避免身受其害。

一头驴子和一头牛关系十分好。它们经常在一起玩耍、吃草。一天，它们发现一个农夫的果园，果园里有绿油油的青草，还有成熟的果子。于是它们偷偷地进入果园，在里面悠闲地吃着青草和树上的果子。

而农夫一点也没有察觉。驴子吃饱之后，很想引吭高歌一曲，牛就对驴子说："亲爱的朋友，看在上帝的份上，你就忍耐一下，等我们出了果园，你再唱歌吧。"

驴子说："我现在真的很想唱歌，作为朋友，你应当支持我才是。"

"可是，可是，要是你一唱歌的话，农夫就会发现，到时我们就跑不掉了！"

驴子觉得牛根本不能理解自己现在的心情，它说："我非常想唱歌，而且农夫怎么会那么巧就发现我在唱歌呢？"

牛摇摇头："不怕一万，就怕万一啊，万一农夫来了，我们可就惨了。"

"天下再也没有什么比音乐和歌曲更优雅、更能感动人的了。可惜你对音乐一窍不通，我怎么找了你做朋友呀！"驴子继续说："他不会那么巧赶来的。"

驴子终于还是没有接受牛的建议，开始高歌起来。它一唱歌，农夫立刻发现了驴子和牛，把它们全给逮住了。

驴子的侥幸心理，既害了朋友，又害了自己。驴子想唱首歌表达自己兴奋的心情，这是可以理解的。但是，为了一时的宣泄而不顾情境是否危急，一时兴起就放纵自己，还心存侥幸，认为自己不会被捉到，最终只会酿成悲剧。

现实生活中许多人也是这样。一旦侥幸得逞，就盲目乐观。开始不顾自己的真实处境，看不到自己面临的潜在威胁，控制不住自己的情绪，任性妄为，结果引火烧身，给自己和朋友带来不必要的麻烦。

所以，要学会审时度势，千万不能放纵自己，更不能心存侥幸心理。

春秋战国时期的宓子贱是孔子的弟子，鲁国人。有一次，齐国进攻鲁国，战火迅速向鲁国单父地区推进，而此时宓子贱正在单父。当时正值麦收季节，大片的麦子已经成熟了，不久就能够收割入库了，可是齐军一来，这眼看到手的粮食就会让齐国抢走。

当地一些人向宓子贱提出建议，说："麦子马上就要熟了，应该赶在齐国军队到来之前，让咱们这里的老百姓去抢收，不管是谁种的，谁抢收了就归谁所有，肥水不流外人田。"其他人也认为："是啊，这样把粮食打下来，可以增加我们鲁国的粮食。而齐国的军队没有粮食，自然坚持不了多久。"

尽管乡中父老再三请求，宓子贱坚决不同意这种做法。过了一些日子，齐军一来，真的把单父地区的小麦一抢而空。

为了这件事，许多人埋怨宓子贱。鲁国的大贵族季孙氏也非常愤怒，派使臣向宓子贱兴师问罪。

宓子贱说："今年没有麦子，明年我们可以再种。如果官府这次发布告令，让人们去抢收麦子，那些不种麦子的人则可能不劳而获，得到不少好处。单父的百姓也许能抢回来一些麦子，但是那些不劳而获的人以后便会年年期盼敌国的入侵，民风也会变得越来越坏。其实单父一年的小麦产量，对鲁国强弱的影响微乎其微，鲁国不会因得到单父的麦子就强大起来，也不会因失去单父这一年的小麦而衰弱下去。但是如果让单父的老百姓，以至于鲁国的老百姓都存了这种借敌国入侵能获得意外财物的心理，这才是危害我们鲁国的大敌。这种侥幸获利的心理，才是我们鲁国人的大损失呀！"

损失的粮食是有形的、有限的，而让民众存有侥幸得财得利的心理才是无形的、长久的损失。

心存侥幸是很多人的人性弱点，一定要尽量避免。"莫伸手，伸手必被捉"，这是每个人必须牢记在心、永记在心的。

心存侥幸，渴望点石成金、一夜暴富的人往往会一无所获、双手空空；而那些看似没有多少进步的人，在积累一段时间以后，就会获得成功。因此，踏实跨出你的每一步，你就能积少成多，获得成功。

测一测：你是否有侥幸心理

（1）考试之前找成绩好的同学帮助你猜题，押题。

（2）明知天气预报报了有雨还不带雨伞上学，你认为你放学的时候不会正巧在下雨。

（3）总是觉得事情会向自己设想的方向发展，虽然这种希望很渺茫。

（4）不相信概率论。

（5）相信运气，喜欢买彩票，认为自己很有可能因此发财。

（6）对超市里进行的幸运抽奖活动十分热衷，经常是热心的参与者。

（7）你觉得偶尔在课堂上吃东西不会被老师发现。

（8）你经常说"万一"、"如果"、"有可能"之类的话。

（9）你经常不背诵要求背诵的古文，你觉得老师也许不会提问到你。

测试结果

每题都回答"是"或"否"。如果你在上述9个问题中至少有6个问题回答"是"，那么毫无疑问，你存有侥幸心理。

10. 实现了既定的目标，如果没有提升梦想，还是要被淘汰的

当目标不断地实现时，一定不要满足于当前的这个目标，必须不断地提升，我们才能真正地永远怀有梦想。

在实现了你所有的现实目标之后，一定不能停在这样的状态下，要再提升梦想。这就是我们对成功生活的第一个要求，你一定要设计你的梦想。

不要这么轻易地就认为你已经完成了一件事情，终于可以松口气了，更不要觉得人生就会顺理成章地朝着理想状态进发。没有顺理成章的事情，"努力"永远是"成功"的兄长。只有先有"努力"，才会有后来的"成功"。你只要松懈一次，你就失去了一次机会；当你松懈的时候，你就失去了成功的机会。

梦想的设计必须在年轻的时候做，因为在真正展开人生旅程的时候，你会遇到越来越多现实的诱惑和挑战，到那个时候，你想再冷静下来去思考你的梦想——而你已经不再简单和纯粹了，你很有可能会因为现实的残酷而迁就现实，不再具有梦想。

美国凭借什么力量如此强大？当然原因一定很多，但是你会发现美国的文化里有一个一贯坚持的元素，这个元素就叫"永远怀有梦想"。

中国的电影常讲帝王将相的故事，而美国的很多电影却讲述未来世界。我们之所以了解未来宇宙和未来世界，是通过美国人的眼睛和思维方式去了解的，从而也彰显出这个民族面向未来的习惯和能力。

法眼文益曾约两个同伴去南方参学，在罗汉桂琛禅师那里寄住一宿，第二天辞行。桂琛觉得文益还可以深造，又不便明白挽留，就指着门前一块石头对他说："你是懂得唯识学的，试问这石头是在你的心外还是心内？"

文益说："在心内。"

桂琛说："你是个行脚人，应该轻装前进，为什么安块石头在心内而到处走动？"

文益无言以对，便又留住月余，仍不得其解。桂琛这才告诉他说："若论佛法，一切现成！"

文益大悟，终成一代宗师，就是禅宗史上著名的法眼禅师。

一日，法眼问则监院："则监院为何不入室参请？"

则监院说："和尚你有所不知，我在青林禅师处，已经有了悟境，蒙他印可过了。"

法眼说："你说给我听听。"

则监院说："我问如何是佛，青林说：'丙丁童子来求火'。丙丁属火，以火求火，正像我即是佛，更去求佛。"

法眼叹道："则监院果然理解错了。"

则监院不服气，气呼呼地打起包袱，渡江走了。

法眼说："这人如果回头，还有救；如果不回头，就没得救了。"

则监院走到半途，心想，法眼是一代宗师，还能骗我不成？多半是我错了，于是又回头再参。

法眼说："你再问我，我为你解答。"

则监院便问："如何是佛？"

法眼说："丙丁童子来求火。"

则监院于言下大悟。

的确如此，只有当你的内心真正醒悟的时候，所有的外物都可以给我们力量。当你确定了自己的梦想的时候，也就确定了自己内在的力量。

因为在人"做"什么之前，就必定已经"是"什么了。人只能"做"到他所"是"的程度，而我们"是"什么，则取决于我们"想"的是什么。我们无法显示自己所不具备的力量，要想拥有力量，唯一的途径就是要意识到力量的存在，而要意识到力量的存在，就必须懂得"一切力量皆来源于内心"。

人的内心世界是一个有思想、感觉和力量的世界，一个光明、鲜活和美丽的世界，尽管无法描述它，但是它所具有的强大力量却是尽人皆知的。

一旦我们认识到自己内在世界的能力，我们就在精神上拥有了这种内在的智慧，从而拥有实际的力量和智慧，去形成那些为我们最充分、最和谐的发展所必不可少的本质要素。凡是有内在力量的人，都会产生勇气、希望、热情、信心、信赖和信仰，借助这些，我们会获得非凡的才智，从而去领悟梦想，用自己实际的能力去把梦想变成现实。

第五章 >>>>>

幸福加法，"难得糊涂"的人生

我们不要对自己的人生有那么多计较，因为正是这些计较阻碍我们开悟，阻碍我们去认识人生真正有价值的东西。如果我们可以活得"糊涂"一点，宁做"傻瓜"，那么我们就会生起单纯的心。

1. 很多事，不知道的比知道的好

有一架客机在大沙漠里不幸失事，只有11人得以幸存。在这11个人中，有大学教授、家庭主妇、政府官员、公司经理、部队军官……此外，还有一个叫艾伦的傻子。

沙漠的白昼气温高达五六十摄氏度，如果不能及时找到水源，人很快就会渴死。他们开始出发去找水源，并先后三次欢呼狂叫着，冲向了水草丰茂的绿洲，可那个绿洲却无情地向后退却，退却，直至消失。原来都是海市蜃楼。

到了第二天的中午，当他们再一次被海市蜃楼愚弄后，所有人都倒下了，除了傻子艾伦。他焦急地向别人问道："水不就在这里吗？为什么又不见

了呢？"

好心的家庭主妇告诉他："傻艾伦，你就认命吧。那只是海市蜃楼而已。"

艾伦并不知道什么叫作海市蜃楼，他只是感觉到自己渴得厉害，他想要喝水。他吃力地攀上了前面一座50多米高的沙丘，突然兴奋得手舞足蹈，连滚带爬地下来，兴奋地嚷着："水塘，一个水塘！"

对艾伦的反应，没有一个人搭理他，包括那个善良的家庭主妇。

艾伦什么也顾不上了，只是拔腿再次努力朝沙丘上爬去，他翻过了沙丘，吼叫着消失到了沙丘的另一边。

"可怜的傻子，他疯了！"大学教授嘟囔了一句。

20多分钟后，当艾伦刚冲到水塘旁时，忽然狂风骤起，顿时飞沙走石。艾伦一跃跳进了水塘中。大风整整刮了一天一夜。

过了3天后，救援人员寻找到了他们，那十个人已经全死了，有的尸首已经被沙土掩埋了。只有水塘边的傻子艾伦安然无恙，只是瘦了些。

救援人员把艾伦带到遇难者身边，询问他怎么回事，这些人为何会死在距离水塘不到一公里的地方。

目睹着伙伴们的惨状，艾伦哭了。

他抽泣着说："我和他们说了那边有个水塘，他们说那是海市蜃楼。我不懂什么是海市蜃楼，我只是想去那边喝水，我就拼命跑去了。真的，你们能告诉我什么是海市蜃楼吗？他们为什么这样恨海市蜃楼，宁肯被渴死，也不去喝海市蜃楼的水？"

傻傻的艾伦瞪着他那双无知的、泪汪汪的双眼，虔诚地向救援人员请教着。他说，这个问题已经折磨他3天了。

面对此情景，所有的人都无言以对。

有两个落水者，一个视力极好，一个患有近视。两个落水者在宽阔的河面上挣扎着，很快就筋疲力尽了。突然，视力好的那位看到了前面不远处有一艘小船，正在向他们这边漂来。患有近视的那位也模模糊糊地看到了。于是，两人便鼓起勇气，奋力向小船划去。划着划着，视力好的那位便停了下来，因为他看清了，那不是一艘小船，而是一截枯朽的木头。但患有近视的人却并不知道那是一截木头，他还在奋力向前划着。当他终于划到目的地，并发现那竟然是一截枯朽的木头时，他已离岸边不远了。视力好的那位就这样在水里丧失了生命，而患有近视的那位却获得了新生。

有两个患有癌症的病人。一个人耳朵灵便，从医生的谈话中听到他们只能活三个月的时间了。于是，他便整天郁郁寡欢，结果还没到三个月就死了。另一个人的耳朵有些背，别说偷听医生的谈话，就是你跟他直接说，他也听不太清。奇怪的是，他不但活过了三个月，到现在已是两年过去了，他还好好地活着。

在美国，有两家同样大小的公司，它们的总裁一个叫罗伯特，一个叫史蒂夫。罗伯特是一位精于算计的人，凡事都比别人看得长远。因为他早就预测到了2008年美国的金融危机，所以他决定将公司解散，这样还能给自己和员工们留一些生活费，不然到时肯定会负债累累。因为他分析到，在2008年，美国有30%的公司要倒闭，像他现在这样的小公司，肯定在那30%之中。史蒂夫不但不是一个善于算计的人，甚至还给人一种愚笨的感觉。他憨憨地认为，未来永远是无法预测的，就算你将世界上最完美的计划放在他的面前，他也不会相信，因为未来还没有真正到来。他觉得自己的公司只要能够生存一天，他就一定要让它支撑下去。结果，他的公司竟然奇迹般地渡过了这场席卷全球的金融危机。最终，会算计的罗伯特将公司解散了，而不会算计的史蒂夫，却将公司办得比以前更红火了。

人生中，很多事，不知道的比知道的好，不灵便的比灵便的要好，不精明的比精明的要好，这就是人们常说的"难得糊涂"。其实，人生本来就是糊涂的，所有的快乐和幸福都藏在糊涂中，一旦清醒了，所有的快乐和幸福也就跟着烟消云散了。

2. 不为烦恼所忧，不为人事所累

常言道："大事清楚，小事糊涂。"即对原则性问题要清楚，处理起来要有准则，而对生活中那些无原则性的小事，则不必太认真计较。从心理学角度看，一个人对那些无原则性的不中听的话或看不惯的事，装作没听见、没看见或随听、随看、随忘，而对决定自身成败关键的大事情能够谨慎处理，这种糊涂做法，不仅是处世的一种态度，更称得上是一种人生中的大智慧。

有一个小孩，大家都说他傻，因为如果有人同时给他5毛和1元的硬币，他总是选择5毛的，而不要1元的。有个人不相信，就拿出两个硬币，一个1元，一个5毛，让那个小孩任选其中一个，结果那个小孩真的挑了5毛的硬币。那个人觉得非常奇怪，便问那个孩子："难道你不会分辨硬币的币值吗……"

孩子小声说："如果我选择了1元钱的硬币，下次你就不会跟我玩这种游戏了！"

这就是那个小孩的聪明之处。的确，如果他选择了1元钱，就没有人愿意继续跟他再玩下去了，而他得到的，也就只有1元钱而已。但他每次只拿5毛钱，把自己装成"傻子"，于是"傻子"当得越久，他就拿得越多，最终他得到的将是1元钱的若干倍。

因此，在现实生活中，我们不妨向那"傻小孩"看齐。

不能因为月缺，我们就说月球不是圆的；不能因为日食，我们就说太阳不是永恒的。

任何一天都有好有坏，没有哪一天、哪种环境是100%的"好"。我们之所以常常会抱怨生活的不公平，是因为我们对自己的处境总是抱着一种悲

观、抱怨的看法,而不是一种乐观、快活的看法。

一天,通用公司要裁员,名单上有内勤部办公室的吴梅和刘秀的名字,公司规定一个月之后两人必须离岗,当时她俩的眼圈都红红的。

第二天上班,吴梅的情绪仍很激动,跟谁都没有什么好脸色,仿佛吃了枪药。她不敢去找老总发泄,就跟主任诉冤,找同事哭诉:"凭什么把我裁掉?我干得好好的……这对我来说太不公平了。"

她声泪俱下的样子,让人心生同情,但大家又不知该怎样劝慰她。而吴梅只顾到处诉苦伸冤了,以至于她的分内工作——订盒饭、传送文件、收发信件等,都耽误了。

吴梅原本是个很讨人喜欢的人,但现在她整天气愤愤的,逢人就抱怨,许多人开始不愿和她接触,都躲着她。后来,大家都有点讨厌她了。

而刘秀,在裁员名单公布后,虽然哭了一晚上,但第二天一上班,她就和以往一样地工作了。由于大伙都不好意思再吩咐她做什么,所以她便主动向大家揽活。面对大家同情和惋惜的目光,她总是笑笑说:"是福跑不了,是祸躲不过,反正这样了,不如干好最后一个月,以后想干恐怕都没机会了。"她仍然每天非常勤快地打字复印,随叫随到,坚守在她的岗位上。

一个月满,吴梅如期下岗,而刘秀的名字却从裁员名单中删除了,她留了下来。

所以,当我们面临困境的时候,不要抱怨命运,因为抱怨不但会让自己的内心痛苦不堪,而且在你怨天尤人的愤怒情绪中,只会把事情搞得越来越糟,把解决问题的机会再次错过。抱怨除了使自己对待他人的态度很恶劣以外,还会令自己一事无成。

其实上苍真的很公平,那些抱怨上苍的人,只是因为没能发现上苍放在他们身边的那些赏赐,他们常常舍近求远,到别处去寻找。

1972年,新加坡旅游局给总理李光耀打了一份报告,大意是说:我们新加坡不像埃及有金字塔，不像中国有长城，不像日本有富士山。我们除了一年四季直射的阳光，什么名胜古迹都没有，要发展旅游事业，实在是"巧妇难为无米之炊"。

李光耀看过报告，非常气愤。他在报告上批了一行字：你想让上帝给我们多少东西？阳光，阳光就够了。

后来，新加坡利用那一年四季直射的阳光，种花植草，在很短的时间里，发展成为世界上著名的"花园城市"，并连续多年，旅游收入居亚洲第三位。

有时候，命运在向你关闭一扇门的同时，又会为你开启一扇窗。世上的任何事物都是多面的，有时我们看到的只是其中的一个侧面，这个侧面让人痛苦，但痛苦却往往可以转化。任何不幸、失败与损失，都有可能成为促成我们成功的有利因素。

面对不幸，面对困境，我们所要做的不是怨天尤人，自暴自弃，而应该是不断捕捉生存智慧，承受苦难，直面打击，在挫折中使自己不断成长起来。

一个自以为很有才华的人，却一直得不到重用，为此，他愁肠百结，异常苦闷。有一天，他去质问上帝："命运为什么对我如此不公？"上帝听了，沉默不语，只是拣起了一颗不起眼的小石子，并把它扔到了乱石堆中。上帝说："你去找回我刚才扔掉的那颗石子。"结果，他翻遍了乱石堆，却无功而返。

这时候，上帝又取下了自己手上的一枚戒指，然后以同样的方式扔到了乱石堆中。结果，这一次，他很快便找到了那枚戒指——那枚金光闪闪的金戒指。上帝虽然没有再说什么，但是他却一下子醒悟了：当自己还只不过是一颗石子，而不是一块金光闪闪的金子时，就永远不要抱怨命运对自己不公平。

如果我们能在平凡的生活中坚持磨砺自己的意志和品格，最终把自己打磨成一块闪闪发光的金子，那么，任何人都掩不住你灿烂夺目的光辉。

能够忍受不公平的待遇，并且以平常的心态对待，这是人生的一个境界，也是我们应努力追求的方向。坦然面对生活，用微笑来迎接一切困难。

多年前，当时任美国财政部长的阿济·泰勒·摩尔顿到南卡罗来纳州一个学院对全体学生发表演说。她走到麦克风前，先是将眼光对着听众，由左向右扫视了一遍全场，然后开口说道："我的生母是聋子，因此她没有办法说话。我不知道自己的父亲是谁，也不知道他是否还在人间。我这辈子找到的第一份工作，是到棉花田去做事。"

听到这，台下的听众全都呆住了。她继续说道："一个人的未来怎么样，不是因为运气，不是因为环境，也不是因为他生下来的状况，如果情况不如人意，我们总可以想到办法加以改变。一个人若想改变眼前充满不幸或无法尽如人意的情况，只要回答这个简单的问题：我希望情况变成什么样？然后全身心投入，采取行动，朝理想目标前进即可。"接着她的脸上绽现出美丽的笑容。

假如当初阿济·泰勒·摩尔顿一味慨叹命运的"不公平"，一味抱怨"生不逢时"，那就肯定无法摆脱"到棉花田去做事"的境遇，更不用说成为美国的财政部长了。

倘若你在茫茫大千世界里，在漫漫人生旅途中，能够正视不公平现象，做一个顺应时势、安分守己的平凡之人，努力上进，做你自己应该做的事，那么很快你就会脱颖而出，并且找到快乐。

古往今来，许多成功的人都是乐观、豁达、心地坦然的。他们蔑视权贵、淡泊名利，善于享受真正的生活，善于发掘蕴藏在生活中的无穷快乐。他们之所以总是充满着幸福和快乐，也许正是由于他们从不抱怨命运，而是想方设法让他们那富有的心灵总是充满着创造的活力。

威廉·詹姆斯说："我们所谓的灾难，很大程度上完全归结于人们对现象采取的态度,受害者的内在态度只要从抱怨转为奋斗,坏事就往往会变成令人鼓舞的好事。在我们尝试过避免灾难而未成功时,如果我们同意面对灾难,乐观地忍受它,它的毒刺也往往会脱落,变成一株美丽的花。"

人是一种有追求、有目标的生物,所以,只要他朝着某个积极的方向努力,他一定能自然正常地发挥作用。快乐就是自然正常地发挥作用的征兆。只要去追求一个积极的目标,不管环境如何,他都会感到十分快乐。

爱迪生有一间价值几百万美元的实验室没买保险而被火白白烧掉了。后来有人问他:"你该怎么办呢?"爱迪生回答:"我们明天就开始重建。"爱迪生保持着进取的态度,可以断言:他绝不会因为自己的损失而感到是上帝给了自己不公平的待遇。

如果生活成全了你,务必心怀感激。即使生活为你设置了一些磨难,也无须嗟叹。生活给你困境,是为了磨炼你的毅力,然后重用你。

其实,一个人,不管他经受了多少打击,也不管他经历了多少苦难,一旦他摆正了自己的心态,他便能治愈创伤,获得希望,萌生出新的生机,哪怕是在荒凉恶劣的环境里,也依然能够放射出自己的光和热。

该糊涂时要糊涂,该聪明时要聪明,小事装糊涂,不要小聪明,而在关键时刻,才表现出大智大谋,这样,你则必左右逢源,不为烦恼所忧,不为人事所累,你也必将会有一个幸福快乐的人生。

3. 勇于承认自己是错的

承认自己是错的,就等于承认对方是对的。你退了一步,让对方大大前进了一步,你没有损失什么,却有可能为自己带来极大的利益。这种"糊涂的心得"很值得一学。承认自己也许会弄错,就绝不会惹上烦恼。因为这样的话,不但可以避免与对方起争执,而且还可以使对方跟你一样宽容大度,更重要的,还会使对方承认他也可能弄错。

如果你肯定别人错了，并且很直率地告诉他，结果会如何呢？不论你用什么方法指责别人，一个眼神、一种不一样的说话声调、一个手势，同样明显地告诉别人——他错了，你以为他会同意你吗？绝对不会！因为这样直接打击了他的判断力和自尊心。这样只会使他反击你，绝不会使他改变主意。即使你搬出所有"柏拉图或康德"式的逻辑，也改变不了他的意见，因为这等于是告诉他："我比你更聪明。我要告诉你一些道理，使你改变看法。"这只会刺激他的挑战欲望，只会引起争端，使他远在你开始之前，就准备迎战了。

有位年轻的律师，在纽约最高法院参加了一个重要案子的辩论。案子牵涉了一大笔钱和一个重要的法律问题。在辩论中，一位最高法院的法官对他说："'海事法'追诉的期限是6年，对吗？"这位律师蓦然停住，看了法官半天，然后直率地说："法官先生，'海事法'没有追诉期限。"庭内顿时安静下来。这位律师后来讲述他当时的感受时说："气温似乎一下子降到了冰点。我是对的，法官是错的。我也据实告诉了他，但那样就使他变得友善了吗？没有。我仍然相信法律站在我这一边。我知道我讲得比过去精彩。但我并没有尊重他的感情——用讨论的方式据理说明我的观点，而是当众指出一位声望卓著、学识丰富的人错了，从而引起争端人的误会。"

因此，如果有人说了一句你认为错误的话，即使你知道他是错的，你也一定要这么说："噢，这样的！我倒有另一种想法，但也许不对。如果我弄错了，我很愿意被纠正过来。"用"我也许不对"这一类的句子，确实会收到神奇的效果。

富兰克林在年轻的时候，有好争辩的习惯。一位教友会的老朋友把他叫到一旁，尖刻地训斥了他一顿："你真是无可救药。你已经打击了每一位和你意见不同的人。你的意见变得太珍贵了，没有人承受得起。你的朋友发觉，如果你在场，他们会很不自在。你知道的太多了，没有人能再教你什么，也没有人打算再告诉你些什么，因为那样他们会吃力不讨好的，而且又把彼此弄得不愉快。因此，你不能再吸收新知识了，但你的旧知识又很有限。"

富兰克林接受了那次教训。他明智地领悟到自己的确是那样，也发觉他正面临失败和社交悲剧的命运。他下决心要改掉傲慢、粗野的习惯。

"我立下一条规矩，"富兰克林说，"绝不准自己太武断。我甚至不准自己在文字或语言上有太肯定的意见表达，比如不用'当然'、'无疑'等，而改用'我想'、'我假设'、'我想象一件事该这样或那样'或'目前，我看来是如此'。当别人陈述一件事而我不以为然时，我绝不立刻驳斥他或立即指正他的错误。我会在回答的时候，表示在某些条件和情况下，他的意见没有错，但在目前这件事上，看来好像稍有不同，等等。我很快就有了收获：凡是有我参与的谈话，气氛都融洽多了。我以谦虚的态度来表达自己的意见，不但容易被他人接受，更减少了一些不必要的冲突。我发现自己有错时，我没有遇到什么难堪的场面；而我自己碰巧是对的时候，更能使对方不固执己见而赞同我。

"我最初采用这种方法时，确实和我的本性相冲突，但久而久之就逐渐习惯了。也许50年来，没有人听我讲什么太武断的话，这是我提交新法案或修改旧条文能得到同胞的重视，而且在成为民众协会的一员后具有相当影响力的重要原因。我不善辞令，更谈不上雄辩，遣词用字也很迟疑，还会说错话，但一般说来，我的意见还是会得到广泛的支持。"

针对这一点，卡耐基先生也有同样的感受，他说，有一次，他的朋友艾伦请一位室内设计师为他的卧室布置一些窗帘。等账单送来，艾伦大吃一惊。过了几天，一位朋友来看艾伦，看到那些窗帘，问起价钱。当这位朋友知道窗帘的价钱后，他面有怒色地说："什么？太过分了，我看那位设计师占了你的便宜。"事实上，这位朋友说的的确是实话，可是很少有人肯听别人羞辱自己判断力的实话。身为一个凡人，艾伦开始为自己辩护。他说贵的东西终究有贵的价值，你不可能以便宜的价钱买到质量高而又有艺术品位的东西，等等。第二天，另一位朋友也来拜访艾伦，他开始赞扬那些窗帘，表现得很热心，说他希望自己家里也购买得起那些精美的窗帘。艾伦的反应完全不一样了。"说句老实话，"他说，"我自己也负担不起，我所付的价钱太高了。我后悔定了这些。"

当我们错的时候，也许会对自己承认错误。而如果对方处理的方法很适合，而且态度友善可亲，我们也会对对方承认错误，甚至为自己的坦白直率而自豪。但如果有人想把"难以下咽"的事实硬塞进我们的食道，你想，我们的感觉将会如何？

4. 戒掉傲气，永远做谦逊的人

永远做谦逊的人，实际上就是让自己做一个被人们认同和喜爱的人。要做一个谦逊的人，就要戒骄矜。

因为具有骄矜之气的人，他们大多自以为能力很强，很了不起，他们做事总比别人强，看不起别人。由于骄傲，则往往听不进去别人的意见；由于自大，则做事专横，轻视有才能的人，看不到别人的长处。骄矜对我们的危害性是很大的，这一点古人认识得十分清楚。

一代名君唐太宗曾对侍臣说过："天下太平了，自然骄矜奢侈之风容易出现，骄矜奢侈则会招致危难灭亡。"

鲁哀公十一年，在一场抵御齐国进攻的战斗中，右翼军溃退了。孟之反走在最后，充当殿军，掩护部队后撤。进入城门的时候，孟之反用鞭子抽打马匹，说道："不是我敢于殿后，是马跑不快。"他这样做，是为了掩盖自己的功劳。从另一方面说，人立身处世，不矜功自夸，可以很好地保护自己。

韩信是汉朝的第一大功臣：在汉中献计出兵陈仓，平定三秦；率军破魏，俘获魏王豹；攻下代，活捉夏说；破赵，斩成安君，捉住赵王歇；收降燕；扫荡齐；历挫楚军。连最后垓下消灭项羽，也主要靠他率军前来合围。司马迁说：汉朝的天下，三分之二是韩信打下来的；项羽，是靠韩信消灭的。但是，功高震主，本来就犯了大忌，加上他又不能谦退自处，看到曾经是他的部下的曹参、灌婴、张苍、傅宽等都分土封侯，与自己平起平坐，心中难免矜功不平。樊哙是一员勇将，又是刘邦的姨夫，韩信每次访问他，他都是"拜迎送"。但韩信一出门，就要说：我今天倒与这样的人为伍！这样，韩信终于一步步走上了绝路。

唐代的杜审言，是杜甫的祖父。他在唐中宗时做过修文馆学士，为人恃才自傲，曾对人说："我的文章那么好，应该让屈原、宋玉来做我的衙役，我的字足以让王羲之北面朝拜。"杜审言有些太自不量力了，所以被后世的人们所嘲笑。这样骄傲自夸只是显出了他的见识短浅，并没有人认为他的才能真的有那么大。

《劝忍百箴》中对"骄矜"问题是这样论述的：金玉满堂，没有人能够把守住。富贵而骄奢，只会自食其果。君主对人傲慢会失去政权，大夫对人傲慢会失去领地。魏文侯接受了田子方的教诲，不敢以富贵自高自大。骄傲自夸，是出现恶果的先兆，而过于骄奢注定要灭亡。人们如果不听先哲的话，后果将会怎样呢？贾思伯平易近人，礼贤下士，客人不理解其谦逊的原因。贾思伯回答了四个字：骄至便衰。

确实是这样。现代人最大的问题，就是骄矜之气盛行。千罪百恶都产生于骄傲自大。骄横自大的人，他们不肯屈就于人，不能忍让于人。做领导的过于骄横，则不可能很好地指挥下属；做下属的过于骄傲，则会不服从领导；做儿子的过于骄矜，眼里就没有父母，自然不会孝顺。骄矜的对立面是谦恭、礼让。要忍耐骄矜之态，必须做到不居功自傲，要自我约束，克制骄傲情绪的产生。要常常考虑到自己的问题和错误，虚心地向他人请教学习。谦逊是古今中外名人的共同特质。

托马斯·杰斐逊是美国第3任总统，1785年他曾担任美国驻法大使。一天，他去法国外长的公寓拜访。"您代替了富兰克林先生？"法国外长问。"是接替他，没有人能够代替得了富兰克林先生。"杰斐逊谦逊地回答说。杰斐逊的谦逊给法国外长留下了深刻印象。无独有偶，在第二次世界大战之后，因为丘吉尔有卓越功勋，在他退位时，英国国会打算通过提案，塑造一尊他的铜像放在公园里供游人景仰。一般人享此殊荣，高兴还来不及，丘吉尔却谦逊地拒绝了。同样，周恩来总理也是为人谦逊的杰出代表。他文能治国，武能安邦，文武兼备，但他又表现得比一般人更谦逊、更成熟。贡献巨大的物理学家焦耳去世前两年对他的弟弟谦逊地说："我一生只做了两三件事，没有什么值得炫耀的。"

记得一位哲学家说过这样一句话：自夸是明智者所避免的，却是愚蠢者所追求的。真正的明智者之所以不会自吹自擂，因为他觉得宇宙广大、学海无涯、技艺无穷，终其一生，也不能洞悉其中的全部奥秘。而一切平庸之辈，满足于一知半解，满足于点滴成绩，他们用富丽堂皇的话语来装饰自己，以讨得廉价的喝彩。

人们所尊敬的是那些谦逊的人，而决不会是那些爱慕虚荣和自夸的人。如果一个人喜欢自大自夸，看不起他人的工作，就会失去自己的功劳。

北宋文学家苏东坡，天资聪颖，过目成诵，出口成章，被誉为"有李太白之风流，胜曹子建之敏捷"，苏东坡官拜翰林学士，在宰相王安石门下做事，王安石很器重他的才能。然而，苏东坡自恃聪明，常常出言多有讥诮之意。

一次，王安石与他做解字游戏。论及"坡"字，由于坡字从"土"从"皮"，于是王安石认为"坡乃土之皮"。苏东坡笑道："如相公所言，'滑'字就是'水之骨'了。"王安石心中不悦。

又一次，王安石与苏东坡谈及"鲵"字，鲵字从"鱼"从"儿"，合起来便是"鱼的儿子"的意思。苏东坡又调侃说："'鸠'可作'九鸟'解，毛诗上说：'鸣鸠在桑，其子七兮。'就是说"鸠"有七个孩子，加上父母两个，不就是'九只鸟'吗？"王安石听了，不再发话，但心中对苏东坡非常反感。

苏东坡在湖州做了三年官，任满回京。想当年因得罪王安石，落得被贬的结局，这次回来应投门拜见才是。于是，他便往宰相府来。此时，王安石正在午睡，书童便将苏东坡迎入东书房等候。苏东坡闲坐无事，见砚下有一方素笺，原来是王安石两句未完诗稿，题是《咏菊》。苏东坡不由笑道："想当年我在京为官时，他写出数千言，也不假思索。三年后，正是江郎才尽，起了两句头便续不下去了。"把这两句念了一遍，他不由叫道："呀，原来连这两句诗都是不通的。"诗是这样写的："西风昨夜过园林，吹落黄花满地金。"在苏东坡看来，西风盛行于秋，而菊花在深秋盛开，最能耐久，随你焦干枯烂，却不会落瓣。一念及此，苏东坡按捺不住，依韵添了两句："秋花不比春花落，说与诗人仔细吟。"待写下后，又想如此抢白宰相，只怕又会惹来麻烦，若把诗稿撕了，不成体统，左思右想，都觉不妥，便将诗稿放回原处，告辞回去了。第二天，皇上降诏，贬苏东坡为黄州团练副使。

苏东坡在黄州任职将近一年，转眼便已深秋。一日忽然起了大风，风息之后，后园菊花棚下，满地铺金，枝上全无一朵。苏东坡一时目瞪口呆，半晌无语，此时方知黄州菊花果然落瓣。他不由对友人道："小弟被贬，只以为是宰相公报私仇。谁知是我错了。切记啊，不可轻易讥笑人，正所谓'经一事长一智'呀。"

苏东坡心中含愧，便想找个机会向王安石赔罪。想起临出京时，王安石曾托自己取三峡"中峡之水"用来冲阳羡茶，由于心中一直不服气，早把取水一事抛在脑后。于是便想趁冬至节送贺表到京的机会，带着"中峡之水"给宰相赔罪。

此时已近冬至，苏东坡告了假，带着因病返乡的夫人经四川进发了。在夔州与夫人分手后，苏东坡独自顺江而下，不想因连日鞍马劳顿，竟睡着了，等到醒来，已到下峡。再回船取"中峡之水"又怕误了上京时辰，听当地老人道："三峡相连，并无阻隔。一般样水，难分好歹。"便装了一瓷坛"下峡水"，带着上京去了。

苏东坡先来到相府拜见宰相。王安石命门官带着苏东坡到东书房。苏东坡想到去年在此改诗，心下愧然。又见柱上所贴诗稿，更是羞惭，倒头便跪下谢罪。

王安石原谅了苏东坡以前没见过菊花落瓣。待苏东坡献上瓷坛，取水煮了阳羡茶后，王安石问水是从哪里取的，苏东坡说："中峡。"王安石笑道：

"又来欺瞒我了，这明明是下峡之水，怎么冒充中峡的呢？"苏东坡大惊，急忙辩解说是误听当地人言，认为三峡相连，江水无异，但不知宰相是怎么辨别出来的。王安石语重心长地说道："读书人不可道听途说，定要细心察理。我若不是到过黄州，亲见菊花落瓣，怎敢在诗中乱道？三峡'水性'之说，出于《水经补注》。上峡水太急，下峡水太缓，唯中峡缓急相半，如果用来冲阳羡美茶，则上峡味浓，下峡味淡，中峡浓淡相宜，今见茶色半天才现，所以知道是下峡的水。"苏东坡敬服。王安石又把书橱都打开，对苏东坡说："你只管从这二十四橱中取书一册，念上文一句，我若答不上下句，就算我是无学之辈。"苏东坡专拣那些积灰较多，显然久不观看的书来考王安石，谁知王安石竟对答如流。苏东坡不禁折服："老太师学问渊深，非我晚辈浅学可及！"

苏东坡乃一代文豪，不管诗词歌赋，都有佳作传世，只因恃才傲物，口出妄言，竟三次被王安石所屈，从此再也不敢轻易讥诮他人。

苏东坡尚且如此，而那些才不及东坡者，更应谨言慎行，谦虚好学。一个人读不尽天下的书，参不尽天下的理。正如古人所说："宁可懵懂而聪明，不可聪明而懵懂。"

5. 吃亏也是一种艺术

在这个现实的社会中，喜欢占便宜的人有很多，他们的眼光只是放在生活的表面，不愿放弃一切与自己有关的利益。殊不知，这样做往往不会有好的结果。

一天，父亲煮了两碗荷包蛋面条，一个上面有蛋，另一个上面没有蛋。父亲将两碗面条端到桌上，问儿子："吃哪一碗？"

儿子指着有蛋的那碗说："就这碗。"父亲说："让爸爸吃那碗有蛋的吧，孔融7岁让梨，你都10岁啦，该让蛋。"儿子争辩道："不让。孔融是孔融，我是我。""真不让？"父亲问道。"真不让。"儿子回答道，并且还一口将蛋咬了一半。父亲又问："不后悔？"儿子："不后悔。"说完，又把另一半蛋吞了下去。等儿子吃完后，父亲开始吃他那碗面条，当儿子看到父亲的碗底藏有两个荷包蛋时，顿时傻眼了。

父亲指着碗里的荷包蛋说道："记住，越是想占便宜的人，越占不到便宜。"

第二天，父亲又做了两碗荷包蛋面条，还是一样，端上桌，问儿子："吃哪碗？"

儿子很快端起了无蛋的那碗，说道："孔融让梨，我让蛋。"父亲问："不后悔？"儿子很坚决地回答说："不后悔。"可儿子吃到底，都没发现一个蛋，倒是父亲碗中上卧一个，下藏一个，儿子又傻眼了。

父亲教训道："记住，想要占别人便宜的人，可能会吃亏。"

第三天，父亲依然像前两天一样做了两碗荷包蛋面条，问道："吃哪碗？"这回，儿子诚恳地回答说："孔融让梨，儿子让面，爸爸您是大人，您先吃。"

父亲端起上边有蛋的那碗，儿子端起另一碗，发现其中也藏着一个荷包蛋。

从这个故事中可以看出，越是不肯吃亏的人，越容易吃亏，不仅吃亏，往往还会吃大亏。只有那些不计较吃亏的人，才会真正有福。

纵观古今，但凡那些有作为的人，都是在不断吃亏中成熟、成长起来的，从而变得更加聪慧、睿智。吃亏，虽然意味着舍弃与牺牲，但却也是一种艺术，同时不失为一种品质、一种风度、一种胸怀。那些贪心的人，总是想方设法去算计别人，在热情、关切的背后，更多的是肆无忌惮地对别人的进攻和伤害。只有那些不怕吃亏的人，才会在一种平和、自由的心境中感受到人生最大的幸福。

世界上没有白占的便宜，那些爱占便宜的人终究要付出沉重的代价。

日常生活中，常常有些人遇便宜就占，即便是蝇头小利，也志在必得。他们若是占了点别人的便宜，心里就会像吃了蜜一样甜。不过，他们每占一份便宜，就会失掉一份人格，失掉一份尊严。毕竟，天底下不会有白占的便宜。从某种意义上来说，吃亏也是一种艺术，是一种境界，是一种大度，是一种人格上的升华。倘若能够在物质利益上做到宽宏大量，在人际交往中尊重他人，以吃亏为荣、为乐，必定会赢得他人的尊重。

做人就应学会适当地让步，然后在错误中吸取教训，确保在以后不会再犯同样的错误，而不是陷入斤斤计较的怪圈中无法自拔。总之，往后退一步，你就会发现现处位置更有利于欣赏眼前的风景。

宋朝有一名官员，名叫李士衡。一次，当他率领船队经过琉球群岛时，当地的国王按照爵位的高低，赏赐了他们很多财物。因事物比较繁忙，李士衡便将装船的任务交给了副官。副官在装船前，发现船底有一个小洞，船舱里也进了点水，于是，他就不动声色地将李士衡得到的丝绸、香料等物放在了船底，把自己的东西放在了最上面。在返航途中，他们突然遭遇了一场风暴，船只也正在慢慢下沉。船员们便吵着要丢掉一些货物，以减轻重量。副官也很着急，于是就只好将自己的东西全都扔到了海里，而李士衡的东西则完好无损。

由此可见，很多时候我们看似吃了亏，但等到后来再回头看这件事的时候，就会发现，正是因为当初的吃亏，才使自己幸运地躲开了很多灾难，成为最后的赢家。

生活中，有不少人在与别人合作的时候，因为某些原因，与对方反目成仇，双方也都搞得很不开心。而有个人却不一样，他就是香港富商李嘉诚之子——李泽楷。李泽楷曾经与朋友合伙做生意，不料，几年后的一笔生意让他们把所赚的钱全部赔了进去，只剩下了一些设备，但他们并没有相互埋怨，而且，李泽楷还对朋友说："这些全归你吧，你想怎么处理就怎么处理。"相信很多人都认为李泽楷这种做法是糊涂的表现，其实，这叫"好聚好散"，虽然生意没了，但人情还在。

后来，有人问李泽楷："你父亲教了你一些成功赚钱的秘诀吗？"李泽楷回答说："赚钱的方法，我父亲并没有教，他只教了我一些做人的道理。"李嘉诚曾经这样教导李泽楷说："与别人合作，假如我们拿七分合理，那么李家拿六分就可以了。"

李嘉诚的意思就是，吃亏可以争取到更多的人愿意与你合作。李嘉诚一生与很多人都有过长期或短期的合作，当双方的合作结束的时候，他总是愿意自己少分一点钱；若生意做得很不理想，他便什么都不要了，宁愿自己吃亏。正是他拥有这种风度、这种气量，才有人乐于跟他合作，他的生意也就越做越大。所以说，李嘉诚成功的关键就在于他那恰到好处的处世交友经验。

由此可知，吃亏是福，是一个人最大的智慧。不管你是老板，还是生意场上的伙伴，当残酷的现实需要你做出舍弃和牺牲时，如果你能够舍弃、牺牲某些利益，能够坦然面对眼前的"亏"，将会有助于你塑造良好的自我形象，获得他人的认同、好感，从此在生活中来去自如。

所以，我们应该学会敢于吃亏、主动吃亏，因为吃亏是人格的最好体现。吃亏，不仅是一种福气，还蕴藏着为人处世的大道理。

一辆满载一车货的汽车被卡在大桥下，其缘由是汽车装的货物太满，超过了桥的高度。即使货物的高度仅比桥的高度多出几厘米，但汽车依然无法通过。由于赶时间，司机在无可奈何的情况下只得向周围的人求救，渴望找到一个既省时又省力的办法。

几个身强力壮的年轻人建议："找几个人把车顶的货物卸下来一点，等你过了大桥，再装上去……"然而，这个建议被在场的人们一致否决，毕竟车上的货物都是由专业装卸工装上去的，且不说卸下来较为困难，卸下后再装上去也是一件异常困难的事情，况且这是最浪费时间和人力的办法。

正在这时，另外一个年轻人提议："货物不是只比桥高一点吗？能否找几个人上到车顶，尽力把货物向下踩一踩，这样货物不是就能低一些，而使汽车能顺利通过大桥了吗。

司机一听，连连摆手，摇着头说："这万万不可，上面装的全是易碎物品，严禁踩踏。我这一路走得十分小心，生怕颠簸，怎能上去踩呢？"

一个个建议都被否决了，人们都很热心地帮助司机寻找办法，但却没有找到一个合适、安全、快捷的方法。

正在他们踌躇的时候，一个过路的老者在了解了来龙去脉后，不紧不慢地说："你尝试着把车胎里的气放出来一些，如何？"人们为此深感困惑，短短的几分钟后，他们均伸出大拇指夸赞这个办法如此之妙。果然，司机仅仅放了车胎里的一点气，就顺顺利利地通过了大桥。

给车胎放气，让自己变软一点，就可以畅通无阻，正所谓："吃小亏得大便宜"。那些经常让步和吃亏的人总被人称为"傻瓜"，但让一步、亏一点何尝不是大智慧的体现呢？人之初，性本善，将心比心，人心都是肉长的，或许你此时的一点小亏便能在未来的日子里得到极大的回报。在做生意的过程中，若想长久永驻，就必须使自己吃点小亏。毕竟人都有趋利的本性，如果你吃一点儿亏，让别人得利，就能最大限度地调动别人的积极性。只有这样，你才能赢得更多的合作者。对喜欢占便宜的人们来说，他们总是盯着眼前的利益，从不为他人考虑，久而久之，与之相处的人就会对其反感，在无形中便会抵触与其相处、合作。不懂吃亏的人，在做人方面吃了大亏，只会使自己的道路越走越窄。

请记住，你每占一份小便宜，就会丢掉一份人格、一份尊严。而一个懂得吃亏、敢于吃亏的人，他不但不会因为吃"眼前亏"而丧失自己的人格，反而更能显示其深层次的魅力。

乐于吃亏，既是一种境界，又是一种自律；既是一种大度，又是一种人格升华。任何一个有所作为的人，均是在不断吃亏中而成长起来的，并由此变得十分聪慧、异常睿智。

6. "好马"也要吃回头草

一个人在一系列不可抗拒的因素下，要想走出一条有利于自己发展的道路，就要有长远的战略规划和发展目标。注意"长远"两个字，既然重在"长远"，就不能在意眼前，该退让的时候就退让。

有一则寓言故事，一匹精良的马从草原上经过，眼前全是绿油油的青草，它一边随便地吃几口，一边向前走。

它越走越远，而草越来越少，几天后，它已经接近沙漠的边缘了。它只要回头走就可以重新吃到美味的青草，但它坚持想："我是一匹精良的马，好马不吃回头草。"后来，在饥饿的折磨下，它倒在了沙漠中。

在古代，像马这样有"骨气"的人，宁可被活活饿死也不屈服，的确是很伟大，但有时候，你并不能把"骨气"与"意气"划分得很清楚。绝大多数人在面临"该不该退让"的选择时，都把"意气"当成"骨气"，或用"骨气"来包装"意气"，明知"回头草"又鲜又嫩，却怎么也不肯回头去吃。

如果你不吃"回头草"就会饿死，吃"回头草"时，又会听到周围人对你的非议。在这种情况下，你吃你的草，全然不要顾忌那么多。你只要认真诚恳地"吃"，能填饱肚子，养肥自己就可以了。何况时间一久，别人也会忘记你是一匹吃"回头草"的"马"，甚至当你"吃回头草"吃得有成就时，别人还会佩服你，说你果然是一匹"好马"。

在面对残酷的现实时，饿死的"好马"就变成了"死马"，也就不是一匹"好马"了。

在生活中有很多这样的例子：

　　吴君因故被炒鱿鱼，一个星期后，老板要他回去，他愤然拒绝："好马不吃回头草！"

　　刘君被女朋友"甩了"，过了一段时间，女朋友回头向他认错，要求重归于好，刘君无情地说："好马不吃回头草！"

　　"好马不吃回头草"，这句话使很多人不知丧失了多少机会。绝大多数人在面临"该不该回头"的选择时，往往意气用事，明知"回头草"又鲜又嫩，却怎么也不肯回头去吃，你自以为这样才是有"志气"。其实，在面临"回不回头"的关卡时，你要考虑的不是"面子"问题和"志气"问题，而是"现实"问题。比如，你现在有没有"草"可吃？如果有，这些"草"能不能吃饱？如果不能吃饱，或目前无"草"可吃，那么未来会不会有"草"可吃？还有，这"回头草"本身的"草色"如何，值不值得去吃？

　　如果是"好马"，就要敢于面对，敢于从头再来。是"好马"，必要的时候就要吃"回头草"，因为这个世界上"好马"很多，而回头草很少。

　　郑庄公时，同父异母的共叔段要谋反篡位。庄公开始表现得无动于衷，但暗地里密切关注着共叔段的动向，当他确知共叔段已准备妥当之时，觉得已找到诛灭共叔段的合法借口，于是以迅雷不及掩耳之势，囚禁了武姜氏，并将共叔段诛灭。

　　由此可见，能够准确地识别时机的转换，是英雄创业的基本素质。鬼谷子在《逸文》中说："圣人之所以能永垂不朽，就是他能把握时机的变化。"所以无论在行动上，还是在计划上，如果不能顺应时代的变迁，讲求适应环境的策略，只是一味固守己见，绝对是要失败的。

　　萧何是刘邦的第一功臣，在刘邦开创西汉王朝的大业中，萧何忠贞不二地追随刘邦：在丰沛起义中首任沛丞，刘邦屈就汉王时任汉丞，西汉建国以后，任汉皇朝的丞相，并享有"带剑上殿，入朝不趋"的特权。

在近三年的反秦战争中，萧何赞襄帷幄，筹措军需，直到打下咸阳进入汉中。在四年之久的楚汉战争中，萧何在后方精心经营，保证了兵源和军需的充足供应。危难关头，他多次力挽狂澜，使刘邦绝处逢生。其中脍炙人口的故事有："咸阳清收丞相府"、"力谏刘邦就汉王"、"收用巴蜀，还定三秦"、"月下追韩信"、"制定九章律"、"诱捕淮阴"……

萧何以其超人的智慧、胸襟和气魄，为西汉王朝的创建和稳固建立了不朽的功勋。西汉王朝建立以后，刘邦的江山渐渐稳定了。事过境迁，萧何的功劳又那么大，刘邦对他自然会猜忌和怀疑。

汉十二年初，萧何看到长安周围人多地少，就请求刘邦把上林苑中的空闲土地交给无地或少地的农民耕种。本来是利国利民的一件小事，不料这竟使刘邦龙颜大怒，以受人钱财为由，将萧何关进大牢。困惑莫名的老丞相萧何，出了监牢，才明白自己犯了"自媚于民"的错误。

淮南王英布造反，刘邦御驾亲征，萧何留守京城。战争中，刘邦不断派使者回来，回来一次就一定要去见萧何一次，说是问候萧何。萧何的幕僚警告他："君灭族不远矣。"萧何一听此言，如五雷轰顶，方明白自己已有了"功高盖主"之嫌。萧何知道，如果自己再继续做收揽民心的事情，就必然会引起刘邦的疑心，给自己招来杀身之祸。

于是萧何就利用自己权势，以极低的价格强买民田民宅，以激起民怨。终于，刘邦将他看作是为子孙谋利、胸无大志的人物。刘邦回到京城后，收到了一大堆平民百姓告萧何的状子，然后他便对萧何放下心来。

古人说"识时务者为俊杰"，自古雄才大略之人皆能顺应时势而成大事，永远走在时代的前面。兵法说，战法应该"与时迁移，随物变化"，这也就是"造势"的奥妙所在。其实，掌握时机永远是政治家的智慧体现。在什么时候实施自己的计划，什么时候又欲擒故纵，这些都是智慧。有时，等待的结果是养虎为患，而有时，等待则是成功的重要保证。

7. 不一定要"功成身退"，但要学会"见好就收"

　　唐代的顺宗在做太子时，亦好出壮语，慨然天下为己任。太子有能名，服人心，自然也是使自己顺利当上皇帝的一个先决条件。但太子能过父皇，又往往有"逼父退位"的举动，所以就会遭到父皇的猜忌而被废黜。聪明的太子因此必须不能表现出太强的才干，造成太响的名气。

　　顺宗做太子时，曾对东宫僚属说："我要竭尽全力，向父皇进言革除弊政的计划。"他的幕僚王叔文于是告诫他："作为太子，首先要尽孝道，多向父皇请安，问起居、饮食、冷暖之事，不宜多言国事。况且改革一事又属当前敏感问题，你若过分热心，别人会以为你邀名邀利，招揽人心。如果陛下因此而疑忌于你，你将何以自明？"

　　太子听得如雷贯耳，于是立刻闭嘴黩言。德宗晚年荒淫，太子始终不声不响，直至熬到继位，方有了唐后期著名的"顺宗改革"。

　　而隋炀帝的太子杨暕就没那么好的涵养了。一次父子同猎，炀帝一无所获，而太子满载而归。炀帝本来就感到太子对自己不够尊重，这一下被儿子比得抬不起头来，于是把杨暕的太子名号给废了。

　　在今天，"功成身退"的思想对许多人来讲已经不太灵验了。它会使人失去积极的进取心，从而满足于现状，当一天和尚撞一天钟，这是其糟糕之处。

　　但事实上，这里提出的"功成身退"仅是一种退守策略，是指一个人能把握住机会，获得一定成功后，急流勇退，将一切名利都抛开，这样才合乎自然法则。因为无论名或利，在达到顶峰之后，都会走向其反面。

　　中国历史上，这种例子不胜枚举。

汉高祖刘邦的军师张良在辅佐刘邦获得天下之后，便毅然光荣隐退。他向刘邦请求："我是你成为帝王的'三寸不烂之舌'的军师，蒙恩拜领万户封地，名列公侯。我的任务至此已经完成。从今以后，我要舍弃主俗，漫游仙界。"刘邦应允了他的请求，所以，张良才得以功成身退，安享晚年。

公元前5世纪，在今天的苏杭一带，有吴、越两国。两国虽然相邻，但是为了争夺霸业，都互不相让，相互对抗。后来，越王勾践败于吴王夫差之手，不得不逃亡会稽山，忍辱负重与吴国谈和。在几经交涉后，吴国才答应让勾践回国。勾践回国后一直记着所受的耻辱，他卧薪尝胆，立誓雪耻。20年后，终于灭了吴国。而帮助越王成功的就是范蠡。范蠡不但是一个忠心耿耿的臣子，而且是一个理智的智者。

范蠡被任命为大将军后，自忖：长久在得意之至的君主手下工作是危机的根源。勾践这个人，虽然可以与他分担劳苦，但是不能与他共享成果。

于是范蠡便向勾践表明自己的辞意。勾践并不知道范蠡的真实意图，于是拼命挽留他。但范蠡去意已定，搬到齐国居住，自此与勾践一刀两断，不再往来。

移居齐国后，范蠡不问政事，与儿子共同经商，很快成为富甲一方的大富翁。齐王也看中他的能力，想请他当宰相。但他婉言谢绝。他深知，"在野而拥有千万财富，在朝而荣任一国宰相，这确实是莫大的荣耀。可是，荣耀太长久了反而会成为祸害的根源"。于是，他将财产分给众人，又悄悄离开了齐国，到了陶地。不久后，他又在陶经营商业成功，积存了百万财富。可见范蠡才智过人，并具有过人的洞察力。他之所以离开越国，拒绝齐王的招聘，以及成功地经营事业，这些都在于他深刻敏锐的洞察力所致。有一句成语叫"明哲保身"，"明哲"就是指深刻的洞察力，即发挥深刻的洞察力来保全自己。范蠡正是这种能够明哲保身的人。

现在的人把"明哲保身"和"但求无过"联系在一起，实际上是不恰当的。前者是一种积极而充满智慧的处世方式，而后者则是一种消极被动的应世方法,二者具有本质的区别。

"明哲保身"的人,可以像范蠡那样用自己的洞察力去应付世事,从而获得成功;而"但求无过"的人,只能处处受别人的左右,从而不但丧失自己的个性,而且也不会获得事业的成功。

所以这里说的"见好就收",只是提醒大家不要太执着,因为执着与糊涂正好背道而驰。禅,尤其禁止执着心。

那是马祖和尚和南岳和尚正在修行时所发生的事情。

一天,南岳和尚来拜访马祖和尚,问道:"马祖,你最近在做什么?"

"我每天都在坐禅。"马祖回道。

"哦,原来如此。你坐禅的目的是什么?"南岳和尚又问道。

"当然为了成佛呀!"马祖又回道。

坐禅是为了观照真正的自我,而悟道成佛,这是一般人对坐禅的认识。马祖也这么认为,因此才去坐禅。

可是,南岳和尚一听到马祖的话,竟然拿来一枚瓦片,默默地磨了起来。觉得不可思议的马祖便开口问:"你究竟想干什么啊?"

南岳和尚平静地回答:"你没有看到我在磨瓦吗?"

"你磨瓦做什么?"马祖很奇怪。

"做镜子。"南岳和尚回答。

"大师,瓦片是没法磨成镜子的。"马祖说道。

"马祖啊,坐禅也是不能成佛的。"南岳和尚顺口说道。

南岳和尚用"瓦片不能磨成镜子"的道理来告诉马祖"坐禅也不能成佛"的原因,这段对话的内容看似简单,有点滑稽,实际上意义非常深远。

如前所述,一般人都认为坐禅是悟道成佛的唯一方法。因此他们在修行时,非常重视坐禅,主张彻底地去"坐"。不过,南岳和尚看到马祖天天坐禅的生活,却予以了否定的评价。为什么呢?

南岳的言外之意是想告诉马祖,他过分执着坐禅的形式和手段了。虽然坐禅很有意义，可是如果被坐禅束缚，心的自由就会受到制约、控制，也就无法悟道成佛了。因此，我们虽然提倡坐禅，但一旦过分执着其中，反而需要予以否定了。

如此这般，以"禅"的立场来看，执着必须全被否定，否则一旦陷入执着中，就什么东西都得不到了。

换言之，人们常常执着一些东西来过日子，可是一旦持有执着的心情，就无法真正自由地生活，也无法来谋求自我实现。那么，如果过分执着一件事，会变成什么样子呢？一位大学考试失利的青年，被母亲带来见日本的关大彻和尚。这位青年为了上一所一流大学，从小就努力用功，可是，一流大学的围墙太厚，他连连失败，结果便想吃安眠药自杀。

青年的脑袋瓜里面，因为有"不入一流大学宁可死"的想法，所以他的思考便陷入执着中。考取一流大学是他的人生目标，只要能争取，万事都可一帆风顺。总之，他太过于执着要进一流大学的想法，所以在经过几次的挑战失败后，由于自己无法超越这层障壁，因此只好选择死亡。

执着心往往会使你的视野狭窄。其实一流大学并不是人生的全部——如果不这样想，自己很多坚强的想法都会一一失去，最后走上极端。就像这位青年一样，选择自杀的方法，以否定自我。那是因为他的那颗执着心，使他硬化起来的缘故。

所以人必须放弃执着心，看淡一点，看开一些，退一步海阔天空嘛。这才是糊涂学所倡导的智慧人生。

8. 不戚戚于贪念，不汲汲于富贵

人生就像一场田径比赛，不管你多么努力，技术运用得多么出色，结果总会有相对于第一名的落后者。享受欢呼的，仅仅是那成千上万名中第一个冲到终点的幸运儿。生活又何尝不是这样？相对于那些在某一领域中因出类拔萃而获得万众瞩目的人物来说,绝大多数的人都是那些在平凡的工作、平凡的家庭中默默尽力的人。而且,人生风云变幻,又有多少人没有品尝过世事沧桑的滋味呢?从社会的需要来说,每一种工作都是必需的。只要每个人做好了自己的分内工作,能够维持物质的丰厚,能够促成社会的繁荣,他就应该自傲而自豪。若从生活的价值来说,能够体味人生的酸甜苦辣,做过了自己所喜欢的事,没有"虐待"这百岁年华的生命,心灵从容富足,则在富在贫,皆足安心,即所谓"不戚戚于贫贱,不汲汲于富贵"。

在这个问题上,孔子有一句著名的话,叫"不义而富且贵,于我如浮云"。他说:人皆有利心,此不可免,但是要去贫贱,求富贵,均必须以是否符合"义"为前提。"不以其道得之,不处也","不以其道得之,不去也",不能嗜欲太过,乃至不顾一切,以不正当的手段去谋求富贵。

中国人历来提倡以"不贪为宝"的品德。春秋时宋国有贤人子罕,官至辅政。国中有人得了一块硕大而又明洁的美玉,于是赶快就去献给他,可是子罕不受。献玉者问他:"你为何不要这块玉?这是件玉匠鉴定过的宝物,价值连城啊!"子罕听了,回答说:"我以'不贪'为宝,而你以玉为宝,应该各安其宝。请你把玉拿回去吧!"

在子罕看来,此玉不过是"刀刃之饴",有何可羡?持身不贪,才是最可宝贵的品德。在我们的生活里,常会有这种"玉",即使无人拿来献给你,它也会在那里温润晶莹地诱惑着你。有多少人受了这种灿烂的诱惑,步趋而去,结果把立世持身的"宝"给失去了。

元代有一位著名的教育家叫许衡,一年夏天与众人行路,渴甚。正巧路边有一片梨林,大家一哄而上,摘梨解渴,唯许衡不动。人问他为何不吃,这梨树无主啊。许衡答曰:"不是自己的东西,就不该乱拿。现在世道混乱,梨树无主,但难道我的心也无主吗?"

"不贪"就应该是我们的"心中之主"。

贪婪是灾祸的根源，是成功之路上的沼泽，也是最致命的性格短板之一。

从前，有一个放羊的男孩，在一个偶然的机会，他发现了一个深不可测的山洞。这个地方很隐蔽，他从未去过。好奇心促使他一步步地向山洞深处走去，突然，在洞的深处，他发现了一座金光闪闪的宝库。天哪，这是不是人们常说的天下第一宝藏呢？放羊的男孩很是好奇，他从来没有见到过这么多的金子。他小心翼翼地从"金山"上拿了一块小小的金条，并且自言自语道："要是财主不再让我帮他放羊的话，这块金子也够我生活一段时间了。"他边说边从宝库回到放羊的山上，然后不急不忙地将羊赶回财主家。他如实地将这一天的发现告诉了财主，还把自己拣到的那块金子拿出来给财主看，让其辨别真假。财主一看、二摸、三咬之后，一把将放羊的男孩拉到身边，急切地问藏金子的宝库在哪里。男孩把藏金子的宝库的大体位置告诉了财主。财主马上命令管家与手下们直奔男孩放羊的那座山，他还担心男孩的话不真，让男孩为他们带路。

财主很快见到了那座金山，他高兴得不得了。他想：这下我可发了大财了。他赶忙将金子装进自己的衣袋，还让一起进来的手下猛拿那些金子。就在他们把小男孩支走、准备带走所有金子的时候，洞里的神仙发话了："人啊，别让欲望负重太多，天一黑下来，山门就要关了，到时候，你们不仅得不到半两金子，连老命也会丢掉在这里，别太贪婪了。"

可是财主哪里听得进去，他想：这个山洞这么空阔，且又那么坚硬，就是天大的石头砸下来，也砸不到自己的头上，何况这里还有这么多的金子呀；不拿白不拿，多拿一点又有什么，拥有了这些金子，出去后我不就是大富翁了吗？于是财主还是不停地搬运金子，非要把这座金山搬空不可。不料，一阵轰隆隆的雷声响起后，山洞全被地下冒出的岩浆吞没掉了，那财主别说是当富翁了，他把自己的小命都丢在了岩浆之中，这个山洞已成了他的坟墓。

人是一种社会动物，无论是什么人，只要进入社会，接触到物质利益，心里都会产生种种欲望，这就是"贪婪"这块短板产生的自然原因。

诚然，生物学家都知道，动物的基因是自私的。它们必须自私，因为它们的基因是为了争取生存。当那些为了争取生存的基因同它们的等位基因发生你死我活的竞争的时候，它们只有击败对手，牺牲等位基因才有自己生存的权利。人是由遗传基因发展形成，人之自私大抵发源于此。自私就必然会导致"贪婪"这种性格短板的产生。但是，如果仅仅认为基因必须自私而心安理得，而丢弃自己更重要的一部分——灵魂，剩下的只是一副躯壳，你就会变得毫无人的力量，即使血肉仍附在你的身躯上，你仍然与普通动物没有什么区别。

不论在什么社会、哪个国家，贪婪者都是卑鄙的，是会遭人唾弃的，都会受到社会的谴责，受到公众的鄙视。因为"贪婪"这块性格短板的存在，也常常导致许许多多的惨剧发生。

毫无疑问，人的贪婪与否，其欲望的多少，直接关系到这个人人品的污洁和他事业的成败，这块短板也直接决定着人的整体价值。"人只一念贪私，便销刚为柔，塞智为昏，变恩为仇，染洁为污，坏了一生人品，故古人以不贪为宝，所以度越一世"。也就是说，只要一个人的心中出现一点贪婪或私心杂念，他本来的刚直性格就会变得懦弱，他就会由聪明变得昏庸，由慈悲变得冷酷。本来结实的水桶就像缺了一块木板那样，失去了自身存在的意义。

人在进入社会后会有各种各样的欲望，但有的人的欲望是客观的、有节制的，我们把这类欲望称作梦想。这样的欲望只会是一种目标，一股动力，可以使人具有方向性。有的人的欲望则是主观的、无限制的，甚至连他自己也说不清楚需要得到多少才能满足，这就是贪婪了。"贪婪"这块短板只会给他徒增压力，超负荷的欲望使他妄想着超越别人。拥有贪念，最终的结果是不但羁绊了一个人前进的脚步，有时甚至会将他引向歧路。

欲望太多、太重，会让负重的人因此陷入人生的陷阱中。人有七情，也有六欲，这本属正常，也是作为一个人在物质社会里不可或缺的东西。可是六欲不能太重，七情亦不能太多，只有平衡协调，一个人才能在社会上不被欲望所左右，整个水桶也才能拥有最大的容量。否则，"贪婪"这块短板一定会成为自己利益的"马前卒"或是非法财富的掠夺者。那么总有一天，人生的金矿下也会冒出无情的地火，美好的生活就会坍塌在瞬间，而你这个不协调的"木桶"就再也无法负担那些沉重的欲望了。

9. 嘲弄他人是缺"德"，反省自己是美德

在人际关系中，做了好事，也常常被人误解。在这样的时候，如果和人论高低，那就不免小家子气，你做好事或行动的动机也就不纯了。古人有所谓"行善不图报答"之说。能够忍让的人，在这时也会装糊涂，这样的勇气和耐心都是非凡的。等到终于水落石出时，人家会更加敬重你这样的人。

曹节，一向很仁慈厚道，隔壁邻居的一头猪丢失了，那头猪与曹节家中的猪很相似，邻居便到曹节家中认领。曹节没有和邻居争论。后来，邻居的猪竟自己跑回来。邻居感到十分羞愧，去给曹节认错并还了他的小猪。曹节笑笑，收下了小猪。

陈重被推荐为"孝廉"典范。他在衙门中当官时，同衙门的一个官员负了数十万钱的债务，债主每天登门，不断地催债。陈重就暗地里用自己的钱为这个官员还清了债。这个官员后来知道了这件事，非常感谢他。陈重却说："不是我做的，大概是同姓名的人做的吧。"始终不提"代人还债"的恩惠。

傅尧俞任徐州太守时，前任太守挪用了公家的钱物，傅尧俞暗暗地替前任太守还债，还没有还齐，他就被罢免了。接任太守反而写信给傅尧俞，说应当再还一千缗。傅尧俞拿出全部家产，还借了钱，才将这笔款子还齐。后来上面检查得到证据，证明这钱不是傅尧俞挪用的，他自己也没有申辩。

傅尧俞能容忍而不计较竟到了这种地步。

所以，即使和你打交道的是小人，你也应当以忍让为先。最聪明的是寻求到对付小人的办法。知道他是小人，就用对待小人的方式对待他。不要反过来报复他，如果这样做，你自己岂不也变成了小人吗？

如果有人诋毁你，只要你确定一下这件事是不是你做的，如果不是你做的，有道理的是你，而没有道理的是他，何必去计较他什么呢？

韩琦曾说，无论是君子还是小人，都应当以诚相待。如果你知道他是小人，与他交往少一点，浅一点就行了。一般人遇到有小人欺负自己的时候，总想要揭露这个小人，而韩琦不是这样。揭露出小人当然可以使大家认清这个小人的真面目，但是韩琦每每受到小人欺负，却暗暗地接受下来，不在神色上表现出来。

对别人所施加的羞辱和难堪，只在你一念之间：说它有，它就有；说它无，它就无。小时候，听到孩子们对骂，有的成年人就会以调侃的口气劝到，说骂人的话又沾不到自己身上，还不是让他人过过嘴巴的瘾，你权当没听见就是了。话虽近谑而实在理。我们应该以宽容的心境面对羞辱，无论对方是有意的，还是无意的，以免得事态扩大化。解脱的方法很多，其中之一是幽默，也就是"胡说"，不妨滑稽一下。

随着年龄的增长，人会逐渐成熟。在你成熟的过程中，反观自己以前的作为，常常不免觉得好笑——过去的人生犹如一场儿童游戏。但在当时，你却很偏执，身在局中，执迷不悟，目光短浅，心胸狭窄。当心智的纯熟足以觉悟到自己的可笑时，对人生幽默的情怀也就油然而生了。

孔子到了郑国，与弟子们失散了。于是孔子独自站在城郭东门。郑人对子贡说："东门有个人，长得奇形怪状，模样好像丧家之狗！"子贡就把这话告诉了自己的老师。孔子欣然笑着说："说我'像丧家之狗'，是这样的啊，是这样的啊！"孔子竟当着学生的面被骂作"丧家之狗"，而他又乐哈哈地接受下来，这就是伟人的气度了。

一个人如果能够反省自己，大抵也可以察觉别人的失误。

凡人都有自尊心，有的人的自尊心强烈而敏感，因而也特别脆弱，稍一触及便有反应，轻则拉下脸来，重则立即还击，结果常常是争了面子没面子。善自嘲者的自尊心就皮实得多，轻易伤不着。你说我是"混蛋"，我说"不胜荣幸"，你还能说什么呢？

反省不是自贬和怯弱，而是一种潇洒的自尊，大度的情怀。人际场上、官场上、生意场上，反省是轻松地保持自尊的武器，即使真的偶遇尴尬事，反省一下找台阶下。

反省被称为聪明人驾驭语言艺术的最高境界，能反省者必须是智者中的智者，高手中的高手。

反省是缺乏自信者不敢使用的技术，因为他们不敢反省一下，拿自身的失误、不足甚至生理缺陷来"开刀"。反省的人对自己的"丑处"、"羞处"不予遮掩、躲避，反而把它剖析，然后巧妙地引申发挥、自圆其说。因此，没有豁达、乐观、超脱、调侃的心态和胸怀，是无法做到的。可以推测，那些自以为是、斤斤计较、尖酸刻薄的人，难以望其项背。

反省最为安全。你可用它在尴尬中自找台阶，保住面子；可以在公共场合获得人情味。

学会反省，你就会拥有一个平稳、健康的心理，一副健康的体魄。

善于反省者，必定热爱生活，有生活情趣。如果不热爱生活，谁会去发现自己的"可笑之处"，怎么会觉得这"可笑之处""可笑"，又怎么会将这"可笑之处"讲出来呢？不热爱生活的人，不会主动去找乐，更不会在自己身上找乐，他只会在别人身上找乐来满足自己。

对我们来说，凡是反省自己的问题，或笑自己那些做得不很漂亮的事情，会使我们变得较有人性，并给人一种和蔼可亲的感觉。

合理地反省，不失为一种良好修养，一种充满活力的交际技巧。自嘲，能制造宽松和谐的交谈气氛，能使自己活得轻松洒脱，使人感到你的可爱和人情味，有时还能更有效地维护你的面子，帮你建立起新的心理平衡。

古代有个石学士，一次骑驴不慎摔在地上。遇到这种情况，一般人一定会不知所措，可这位石学士却不慌不忙地站起来说："亏我是'石'学士，要是'瓦'的，还不摔成碎片？"一句妙语，说得在场的人哈哈大笑，自然这石学士也在笑声中免去了难堪。以此类推，一位胖子摔倒了，可说："如果不是这一身肉托着，还不把骨头摔折了？"换成瘦子，又可说："要不是重量轻，这一摔就成了肉饼了！"

由此可见，自嘲时要对着自己的某个缺点"猛烈开火"，这样容易及时改正。单就这份气度和勇气，别人也不会笑你。

嘲弄他人是缺"德"，反省自己是美德。一个反省的人，是有智慧和情趣的人，也是一个勇敢和坦诚的人，更是一个将自己上上下下、里里外外看得很明白的人。

在社交场合中，反省是不可多得的灵丹妙药，智者的金科玉律便是：不论你想笑别人怎样，先反省你自己，这样还能拉近与别人的距离。

10. 人生减省一分，便超脱一分

《菜根谭》中指出："人生减省一分，但超脱一分。"在人生旅程中，如果什么事都减省一些，便能超越尘世的羁绊。一旦超脱尘世，精神会更空灵。简言之，即一个人不要太贪心。

洪自诚接着说："比如，减少交际应酬，可以避免不必要的纠纷；减少口舌，可以少受责难；减少判断，可以减轻心理负担；减少智慧，可以保全本真；不去减省，而一味地增加的人，可谓作茧自缚。"

无论人们做什么事，均有不得不增加的倾向。其实，只要减省某些部分，大都能收到意想不到的效果。倘若这里也想插一手，那里也要兼顾，就不得不动脑筋，过度地使用智慧，就容易产生奸邪欺诈。所以，只要凡事稍微减省些，便能回复本来的人性，即"返璞归真"。

《呻吟语》的作者吕新吾也说过："福莫大于无祸，祸莫大于求福。"意即没有不幸的灾祸降临，就是最大的幸福。一天到晚四处钻营的人，比任何人都更加不幸。所以，人千万不要为欲望所驱使。心灵一旦为欲望侵蚀，就无法超脱红尘，而为欲望所吞灭。只有降低欲望，在现实中追求人生目标，才会活得快乐。

在英国的曼彻斯特城，英格兰超级足球联赛第18轮的一场比赛在埃弗顿队与西汉姆联队之间紧张地进行着。比赛只剩下最后一分钟时，场上的比分仍然是1:1。

这时，埃弗顿队的守门员杰拉德在扑球时扭伤了膝盖，球被传给了潜伏在禁区的西汉姆联队球员迪卡尼奥。

球场上原本沸腾的气氛顿时静了下来，所有的人都在等待。迪卡尼奥离球门只有12米左右，无须任何技术，只需要一点点力量，他就可以从容地把球踢进没有了守门员的大门。那样，西汉姆联队就将以2:1获胜，在积分榜上，他们因此可以增加两分。而且，在此之前，埃弗顿队已经连败两轮，这个球一进，就将是苦涩的"三连败"。

在几万双现场球迷的目光注视下，迪卡尼奥没有踢出这个"决胜的一脚"，而是弯下腰，把球稳稳抱到怀中……

全场因惊异而出现了片刻的沉寂，继而突然掌声雷动。

如潮水般滚动的掌声，把赞美之情献给了放弃打门的迪卡尼奥。

这举动，对任何一个期待成功的球员来讲，都是一种莫大的舍弃。而这更意味着一种原则，一种大道，一种自信，能够保持如此适度的超脱，保持这一点观察的距离，保持非情绪化的客观与全面，使迪卡尼奥获得了大家由衷的赞美。

超脱，其实就是一种选择。面对一道数学题，你必须学会放弃错误的思路；走在人生的十字路口，你必须学会放弃那些不适合自己的路线；面对失败，你必须学会放弃懦弱；面对成功，你必须学会放弃骄傲……这样一种超脱的精神，往往比拥有任何物质的东西更重要。

然而，往往有盲目者以为成为高人雅士必先学会其异人品性与举止，学其皮毛并夸大，还自以为得了真髓，却不知只是舍本求末，学了形而往往未学会其实，徒惹笑柄。

我们为人处世，应行自己之路，有自我之格，定自善之准，坚持下去，那么适度的超脱便是自然而然的了。

人大都渴望和追求荣誉、地位、面子，为拥有这些而自豪、幸福；人不情愿受辱，为反抗屈辱甚至可以生命为代价。所以，现实社会中便出现了各种各样争取荣誉的人，形形色色的反抗屈辱的勇者和斗士；也有为争宠、争荣，不惜出卖灵魂、丧失人格的势利小人，为奴隶而不可得的人。当然，也有人把荣誉看得很淡，甘做所谓"荣辱毁誉不上心"的清闲人、散淡者。他们对客观的、外在的出身、家世、钱财、生死、容貌都看得很淡泊，追求精神的超脱、洒脱，正所谓"去留无意，任天空云卷云舒；宠辱不惊，看窗外花开花落"。

生命，是你做所有事的前提。只有拥有生命，你才有可能完成理想，才可能拥有希望。孟子的"舍生取义"的确是人间壮举，值得后世的传颂，然而，这样的人毕竟不占多数。既然没有孟子的那种魄力，那我们就要增加自己生命的质量，最大限度地让其得以延续，最后，我们会发现，活着真好——有希望，有理想，有抱负。

糊涂点，心大点，我们会发现，活着更好。

人既存在于这个社会、这个世界，则必将担负起自己的责任。无论是灾难或是生活中小小的困难，这都是既成事实，是无法改变的。无为的人不会怨天尤人，因为他知道于事无补，他也不会自暴自弃，因为他更知道自暴自弃会导致更大的失败。我们常说要拿得起，放得下，而在实际行动中，"拿得起"容易，"放得下"却难。所谓放得下，是指一种心理状态，就是遇到千斤重担压心头的时候能把心理上的重压卸掉，使之轻松自如。

生活中不顺心事十有八九，要做到事事顺心，就要拿得起，放得下。不愉快的事就让它过去，不放在心上。舍得，舍得，有舍才有得。心地善良、胸襟开阔等良好的品性，才是健康长寿之本。贪图小便宜，终究是要吃大亏的。

辩证法告诉我们：有得必有失，有失才有得。"塞翁失马，焉知非福"，揭示了一个亘古不变的真理。糊涂的智慧启示人们要做到事事顺心，就要拿得起，放得下。放弃是一种睿智，它可以放飞你的心灵，可以帮你还原本性，使你真实地享受人生；放弃是一种选择，没有"智"的放弃，就没有辉煌的选择。知足者常乐。人生是否快乐，关键看你是否知足，是否知足常乐。那些总认为别人的东西都是"好"的人，是永远没有快乐的。一个人在生活中能不过分注意缺憾，知道世上没有十全十美的东西，就会快乐无比，否则，总以抱怨之心看事，则到处都是阴云淫雨，烦恼不尽。

生活中，我们总是试图抓住一些我们无法挽回的不幸的事情，这些东西对我们来讲都是包袱。它们对我们是非常不利的，我们应该甩掉它们，应该把它们打入历史的坟墓。你对生活的感觉主要取决于你的选择与追求。对生活，我们要学会感恩和欣赏；对包袱，我们要善于抛弃。所以获取快乐不难，生活本身就是在许多的辛苦和烦恼中存续的。善于放下包袱，超越自我，欢乐就会常有。

第六章 >>>>>

学会取舍,感受世界的美好与精彩

人活于世,每时每刻都要面对诱惑与磨难,迫使我们不得不在"舍、得"面前抉择、徘徊。聪明的人懂得舍得该舍得的,收获该获得的。舍即是得,得即是舍,舍、得有道,才能得到你想要的。漫漫人生路,我们只有"有舍有得",游刃于舍与得之间,心才不会很累;心不疲累,生活才能够轻松;生活轻松,我们才更能感觉得到世间的美好和精彩。

1. 舍掉个人恩怨,彰显魅力

古人云:"大人不计小人过,宰相肚里能撑船。"佛家也说:"大肚能容,容天下难容之事;开怀一笑,笑世间可笑之人。"说的都是为人处世时要有一个宽阔的胸怀,要豁达大度,要宽以待人。日常生活中,人与人之间难免会出现一些不愉快的事情,只有放开胸怀,学会宽容,才能化解其中所有的怨恨,赢得良好的人际关系,赢得别人的尊重。

春秋战国时期,晋平公和大夫祁黄羊在一次谈话中说到了南阳县缺乏县令这个问题。晋平公问道："你觉得谁比较适合担任这个职位呢？"祁黄羊回答道："依臣之见，解狐可以担任。"听了这话，晋平公感到十分惊讶，因为他知道祁黄羊和解狐有过节，便问道："解狐不是你的仇人吗？你怎么会推荐他呢？"祁黄羊说："大王是在问我谁能担任南阳县令的职务，并不是问我谁是我的仇人呀。"晋平公听了祁黄羊的建议，派解狐去南阳任职。果然不出祁黄羊所料，解狐到任之后尽职尽责，不负众望，他处处为百姓着想，为老百姓办实事，受到了很多人的爱戴和拥护，美名远扬。

看完这个故事，相信人们都会为祁黄羊的胸襟所折服。虽然解狐和他有仇，但他并不顾及个人恩怨，而是以大局为重，推荐解狐担任县令一职，为百姓谋福造利。试想，假如祁黄羊没有开阔的心胸，那么就可能会埋没一个优秀的人才。

拥有开阔的心胸不论对谁来说都是很重要的，但是在现实生活中，并不是每个人都能够做到像祁黄羊一样。同样的一条路摆在不同人的面前，就会有不同的结局，有的可以变成通天大道，而有的则是羊肠小道，有些甚至曲曲折折，找不到下脚的地方。只因为心态不同，心胸开阔的人无论走到哪里，都能够开辟出一条光明大道。所以，不要再抱怨生活，生活之所以会令你难堪，只是因为你总是让生活难过，多多反省一下自己吧。

一个心胸开阔的人，能够正确地看待自己与他人的差别，既不妄自高大，无谓地贬低他人，又不妄自菲薄，把任何人都看得比自己优越，更不会因别人的权力、地位及财富而耿耿于怀。他们从来不会去记自己给过人家什么恩惠，只是记得别人曾经对自己的好。而心胸狭窄的人则往往斤斤计较，只顾眼前的利益，从来不考虑给别人留下后路。殊不知，这样做的后果是把自己逼上绝路，使自己成为最彻底的失败者。

拥有开阔的心胸，那么你所到之处遍地都会繁花似锦。因此，当你感觉命运对你不公的时候，当你慨叹人生世态炎凉的时候，当你对生活感到不尽如人意的时候，当你在工作中感到烦恼不顺的时候，你都要不断地博大自己的胸怀。在宽广的胸怀里，一切不快和痛苦都将显得微不足道；在宽广的胸怀里,你将会活得很快乐,过得很幸福。

2. "放得下"是一种至高的境界

这个社会是很现实无情的,它不会由于某种原因而眷顾人们,相反却会"设置"许多障碍来"逼迫"人们,逼迫人们交出权力、放走机遇、抛弃真情。倘若不这么做,那么生活就很难继续下去。所以,学会放弃,才能成为真正的强者。法国哲学家、思想家蒙田说过一句话:今天的放弃,正是为了明天的得到。是的,放弃并不意味永远的失去,它只是为了以后铺路。只有放下,才能得到更多。执着是强者的姿态,但放弃才是智者的潇洒。很多时候,执着往往带来伤害,而放弃却可以绽放另一种美丽。

"拿得起,放得下"是生活的真谛,"拿得起"是一种选择,"放得下"则是一种更高境界的选择,很多人终其一生都无法参悟其中的道理。事实也证明,成功总是青睐于那些懂得适时放弃的人。

有一天,老和尚带小和尚下山。在经过一条大河时,他们碰到了一位姑娘,那位姑娘好像因河水湍急而不敢过河。小和尚见状,低下头合掌念:"南无阿弥陀佛",而老和尚则背着姑娘蹚过了河,然后放下姑娘,继续赶路。

小和尚满脸疑惑,一路嘀咕着,走了许久,他终于忍不住问:"师傅,你犯戒了!我们不是不能近女色吗?"老和尚听了,叹道:"我都已经放下了,你怎么还没'放下'呢!"

其实,在现实中有很多人像小和尚一样,既拿不起,也放不下,也或者是不懂得该如何拿得起,又该如何放得下。"拿得起"要求我们有足够的实力,在机遇到来时能够成功应付;"放得下"则要求我们在面临困难时,不气馁堕落,要甘于一时的平庸,能屈能伸,彰显豪迈,就像老和尚一样。

是的，人总要拿得起，放得下。生命的过程，就是一个不断"拿起"和"放下"的过程。每个人都需要拿起一些东西，放下一些东西，"拿起"也许仅仅需要一些蛮力或一股激情，但"放下"却有太多的不甘、不舍、无助和无奈。其实每个人的心里都知道自己真正应该拿起什么，应该放下什么，可偏偏很多人在"拿起"和"放下"之间徘徊不前，犹豫不决，战战兢兢，如履薄冰，最终既没有"拿起"该"拿"的，也没有"放下"该"放"的。

拿得起是一种令人敬佩的勇气，而放得下则是一种难能可贵的超脱；拿得起是博大精深的智慧，放得下是意味深远的哲学；拿得起是一种挑战，放得下则是一种安慰。

为什么有些人活得轻松自如，有些人前进的脚步越来越沉重？因为前者懂得放下，他知道什么才是自己最需要的，而后者得到一样东西便死死抓住，绝不罢手，他肩上的包袱越来越多，脚步自然会越来越沉。能成大事者，他们懂得如何放弃。只有学会放弃，才能轻装上阵，摆脱无畏的纠缠。更重要的是，放弃可以让一个人变得胸襟开阔，从而赢得众人的尊重和信任。不过在实际行动中，"拿得起"很容易，"放得下"就难了。

一场战争过后，大街上硝烟弥漫，此时军队已经撤走。一位商人和一位农夫来到了街上，企图能够找到一些值钱的东西。他们惊喜地发现了一大堆还没有被烧焦的羊毛，于是两个人便各自分了一半捆在背上。

在回去的途中，他们又发现一些布匹。农夫想了想，就将自己身上背的羊毛通通扔掉，选了一些扛得动的上好布匹。可是商人却十分贪婪，他不仅舍不得丢下自己的羊毛，还将农夫丢下的羊毛和剩余的布匹统统拣起来。毫无疑问，这些东西压得商人气喘吁吁，而农夫则显得十分轻松。

一段路途过后，他们又看到了一些银质的餐具。农夫又将身上的布匹都扔掉，拣了一些较好的银具背上。此时的商人早已累得直不起腰来，他也很想再拿一些银器，可又舍不得已经到手的布匹和羊毛，只好作罢。此时，天空突然下起了大雨，商人身上的羊毛和布匹被雨淋湿后，变得更加沉重，令商人不堪重负，最后摔倒在泥泞当中。而农夫则满心欢喜地回到了家，将银器变卖，过上了富足的生活。

商人和农夫之所以有不同的结局，就是因为商人只懂得拿起，却不懂得放弃，而农夫显然是这方面的高手，他知道如果不放弃就不能得到更好的。其实，他们这一路的过程不就和我们的人生路一样吗？一路走来，我们需要面对的诱惑实在是太多了，假如我们样样都想要，日子就会过得十分狼狈。当你背负了过多的行囊时，便违背了生命最初的意义。相反，若是该放下的时候就放下，就会轻松快乐地过一生。

千百年来，人们总是在嘲笑那些死死地抓住一些东西不放的人，可是他们自己又何尝不是在扮演这样一种角色呢？其实，人生并非只有一种风景，当你失意的时候，或许别处的风景会更加吸引人。固然，坚守之前的道路并无过错，但你总要试着为自己开辟更多的道路。放下从前，才能开始现在，不是吗？

执着于该执着的，放弃那些该放弃的，这无疑是人生当中的一件幸事。贪图小便宜，终究是要吃大亏的。所以，学会放下吧！放下无谓的名利之争，放下难言的屈辱经历，放下对夕阳的留恋，放下对春光的感怀……倘若什么都不愿意放弃，你便什么也得不到。

3. 知足常乐，人生更从容

"知足才能长乐"，芸芸众生都知道这个道理，但只有极少数人才能达到这个境界。所以，大部分人都不能感觉到生活的乐趣所在。他们穷其一生在争名夺利，有了房子便想要车子，赚了一百万元还想赚一千万元，永远都不知道满足。中国有句古话叫："鱼与熊掌不可兼得。"一个人如果总是痴心妄想，就很有可能为此付出惨重的代价。

每个人都希望自己的生活过得快乐，可是究竟快乐是什么？估计每个人都有不同的见解与感受。其实想要快乐很简单：知足就好了。如同样是两个十分口渴的人，看到桌子上放着半杯水，知足的人会想："太好了，这半杯水能够让我缓解一下口渴。"而不知足的人则会想："怎么只有半杯水，这哪够喝呀？"同样的半杯水，却引发了两种截然不同的感慨。只有懂得知足的人，生活中才会少一些所谓的"烦恼"。

（1）知足者，乐也。

这个世界上有太多美好的事物，我们每个人都不可能得到所有，所以一定要学会知足。只有知足，才能长乐。一个人若是被欲望所左右，他就会变得很可怕。或许他的物质条件会越来越好，但是他却在永无止境的追求当中迷失了许多宝贵的东西，他从来没有享受过真正的快乐，绚丽的外表下藏着一颗空虚的心，而且他的一生注定要被痛苦纠缠。这样的生活方式，究竟是社会的进步，还是人类的悲哀呢？

一个晴朗的下午，一位富翁来到海边度假，他看到一个渔夫正在海滩上睡觉。富翁问道："今天天气这么好，正是捕鱼的好时机，你怎么在这里睡觉呢？"渔夫回答说："我给自己定下了任务量：每天捕10公斤鱼。如果是在平时，我基本上需要撒5次网才能完成，不过今天天气不错，我只撒了两次网便完成了任务。现在没事了，就在这里睡觉啦！"富翁又问道："那你为什么不趁着好天气多撒几次网呢？"渔夫不解地问道："为什么要多撒几次网？那又有什么用呢？"

富翁说："那样的话，不久之后你便能买一艘大船。"

"然后呢？"渔夫问。

"那你就可以雇更多的人，让他们到深海去捕更多的鱼。"富翁说道。

"那又怎样呢？"渔夫又问。

"到时你手中就有一定的积蓄了，可以办一个鱼类加工厂啊！那时你可以做老板，再也不用辛辛苦苦地出海捕鱼了。"富翁说道。

"那我干什么呢？"渔夫又问。

"那样你就不用再为生活发愁了，可以像我一样来到沙滩晒晒太阳，睡睡觉了。"富翁得意地说。

"不过,我现在不正是在晒太阳、睡觉吗?"渔夫反问道。

富翁被问得哑口无言。

人之所以不快乐,就是他不知足。假如渔夫真的如富翁所说去做,那么他就会被自己的欲望所奴役,忙忙碌碌地辛劳一生,却不能体会幸福。

其实想得到的越多,失去的就会越多。我们每个人从出生的那一刻起,就注定了会和某些东西失之交臂。感情上的不如意,事业上的不顺心,总是会让我们花费很多精力来寻求平衡,但一个人的能力是有限的,有些东西是我们顾不到的,所以不必苛求那些得不到的东西或办不到的事情。如果过于执着地追求,只能给自己徒添烦恼。得到和失去只在一瞬间,心态才最重要。所以,每个人都要学会"知足",很多快乐都建筑在这两个字之上,如果你一辈子都在不停地满足自己的一个又一个目标,却没有一丝一毫的幸福可言,那这样的人生又有什么意义呢?

(2)知足之人,永远都是富有的。

实际上,人类自身的需求是很低的,远远低于欲望。房子再怎么大,也只能住一间;衣服再高贵,身上也只能穿一套;汽车再多,也只能开一辆在街上跑。能够认清楚这一点,那么我们就能够活得更加从容一点,更加豁达一点。更重要的是,我们将会有更多的时间和精力来进行一些精神层次的追求和享受。

从前有一位年轻人,他总是抱怨自己时运不济,空有一番才华却得不到施展的空间,他的日子过得也是穷困潦倒,并经常为此愁眉不展。有一天,他遇到了一位白胡子老人。老人看他眉头紧锁,便问道:"小伙子,你看起来很不快乐?"年轻人说道:"我就不明白,为什么我的日子总也好不起来?这种穷苦的生活什么时候才是头呢?"老人立即反驳他说:"穷?你怎么会说自己穷呢?我看你十分富有嘛!"年轻人很不解,问道:"此话怎讲?"

老人笑了笑说道："假如我给你10000块钱来换你的一根手指，你会换吗？"

"不换！"年轻人十分坚决地回答道。

老人继续问："那如果我给你100000万块钱，但条件是你的双眼必须失明，你愿意吗？"

"不愿意！"年轻人斩钉截铁地说道。

老人再次问道："那假如现在让你马上变成80岁的样子，给你1000000，可以吗？"

"不可以！"年轻人再次断然拒绝。

老人笑了："你看，你全身上下都是数不尽的财富，你怎么还说自己穷呢？"

年轻人愕然无语，突然间明白了一切。

看完这个故事，相信很多人都会若有所思。其实在我们身边，像年轻人这样不知足的人不是有很多吗？明明自己已经拥有了很多，却还在抱怨得到的太少，自然也就无法体味生命的乐趣之所在。只要你是一个知足的人，那么你就永远不会贫穷。相反，那些贪婪之人看似拥有万千财富，实际上却是一无所有的人。

快乐，应该是一种平衡而满足的内在感受。若你学会了满足，那么即使身在地狱，也一定能够感受到如天堂般的美好。乞丐十分容易满足，因此，他们虽然一无所有，也可以活得逍遥自在；而皇帝纵然拥有万贯家财，却总是有数不尽的烦恼。

如果不能去豪华的大酒店觥筹交错，街边的夜市摊也是不错的选择，且别有一番风味，为什么一定要羡慕他人的"灯红酒绿"呢？

4. 山不过来，"我"就过去

　　每个人的生活都不是一帆风顺的，并且时时刻刻都可能会面临许多困难。其中的一些困难，也许我们做稍许的努力便可以"过关斩将"，可是有些困难，却并非如此。当然，我们不能够被困难打败，但我们却可以去适应困难。当你发现自己可以将困难掌控自如时，那么困难也就不再是困难了。

　　人的一生就像是长途跋涉的旅途，谁没有经历过坎坷？谁没有遭遇过困苦？又有谁没有面临过挫折？当残酷的环境摆在你面前时，你需要做的不是和它硬碰硬，而是应想办法改变自己，从而使磨难看起来不足为道。

　　虽然人们经常说"有志者，事竟成"，但事实上，想要到达成功的彼岸，仅有意志力还是不够的。很多事情，即使你想到了也未必能够做到。就像故事中的"大山"一样，我们是不可能将它"移动"的，我们能做的就是自己走过去。倘若人人都抱着"你不过来，我也不会过去"的心态，那我们岂不是要错过许多风景？

　　在这个世界上，像这样的"大山"实在是太多了，我们没有能力移动它，至少是暂时没能力移动它，因此只能从自身开始改变。假如别人不喜欢自己，那么请不要去强迫别人喜欢，只有把自己变得更加完美，才能得到他们的青睐；如果不能说服别人，那么请不要去埋怨对方的固执己见，只有把自己的口才发挥得更好一些，才能够得到他们的认可；如果顾客对产品不满意，那么请不要责怪顾客过于挑剔，将自己的产品再完善一下，才能得到他们的承认。

　　当你采用的办法不能再改变什么的时候，那么不妨学着去适应。很多时候，当你试着将自己融入某件事情时，反而能够产生意想不到的潜力。在现实生活中，"山不过来，我就过去"的人生态度，是一种理智和聪慧的表现，更是一种难能可贵的人生姿态。

有一位从事摄影工作的摄影师，每年都会给很多人照相，可是关于照相他却始终有一个心结，那就是每次照多人合影时，洗出来的照片上总会有人闭着眼睛。其实他已经尽量地在避免这个问题了，为了强调大家一致，他每次照之前都会高声喊道："大家请注意，我现在喊'一、二、三'，当我喊到'三'的时候会按快门，大家千万不要闭眼睛。"可是尽管如此，每次洗出来的照片还是会有人闭眼。这些人看到照片自然会很不高兴，有些人还埋怨道："为什么单是我闭眼的那个时候你按快门啊？你这不是存心要我出洋相吗？"后来，摄影师终于想出了一个绝妙的办法，于是他在拍照时换了一个方法：先是请所有拍照的人都闭上眼睛，听他喊"一、二、三"，当喊到"三"的时候再一起睁开眼睛。果然，这样照出来的效果很好，大家都睁着眼睛，显得神采奕奕，皆大欢喜。

生活中这样的事情还有很多，既然有些事情是不以人的意志为转移的，那么我们就不妨试着从自身来改变一下，只有这样，人生才会丰富多彩。明白了这个道理，那么你的人生便达到了一种更高的境界。

"山不过来，我就过去"，可见一个人的豁达和睿智。当然，改变自己不是要你放弃自己的原则，而是让自己有更多的平台、更多的机会来实现自己的理想。改变自己不是妥协，是一种以退为进的明智选择。就好比要到达一个目标，多数情况下，直接走是行不通的，得绕个弯子迂回一下。要知道，机会不是别人给的，而是自己创造出来的。

也许一些"有志之人"会觉得"山不过来，我就过去"这句话并不能作为人生信条，他们宁愿做一个现实生活中的"愚公"，也不会为自己找"借口"。事实上，"过去"并不意味着妥协，而是一种理智的思考。如果你固执地坚守一条道路，到头来很可能得不偿失。只有改变自己才是上上之策。只会埋怨自己没有机遇的人，永远都不可能成为一个真正的强者。

"山不过来，我就过去"，简简单单的八个字，却足以让那些整天都在抱怨"时运不济"、"命运不公"的人们汗颜。世界上本无移山之术，就像是成功并没有捷径一样，唯一能够移动的是我们的心。命运是掌握在自己手里的，而不是在别人的手里。如果所面对的环境无法改变，那我们就先改变自己，只有改变自己，才会最终改变别人。如果改变不了环境，就应该学会去适应环境，并在适应环境的过程中激发自己的能力，从而改造环境，获得快乐。

5. 舍得小利，才能赢得未来

《易经》中有句话："动则得咎"。意思是说，只要你选择去做事情，就一定会有得失。既是如此，那么我们就不应该对"失去"过分伤感，尤其是一些眼前的蝇头小利，更应该看开一些。舍得小利，才能赢得未来。

很久以前，有一个南昌人住在京城里，做国子监的助教。有一天，他外出经过延寿街，恰巧看到一个年轻人要买《吕氏春秋》书，讲好价钱后，年轻人掏出钱开始点，不小心掉了一枚铜钱，不过他并没有察觉。于是，这个南昌人便装作若无其事地走过去，用脚踩住那枚桐钱。等年轻人买完书离开后，他就弯下腰将钱拣了起来。这一幕被旁边的一位老人看了个清清楚楚，他站起来询问南昌人的名字，南昌人便如实回答。之后老人便走了。南昌人怎么也想不到，原来这个人是江苏巡抚。

后来，这个南昌人以舍生的名义进到了誊录馆，求见选官，终于得到了一个江苏常熟县尉的职位。上任之后他一直想见巡抚，可是都不得见，后来才知道原来自己的名字早已经被列入检举弹劾的公文里了。南昌人十分不解，不明白自己为什么会被弹劾。人家对他说是因为贪污。南昌人心想：自己还没有正式上任呢，怎么会有"贪污"之说呢？一定是搞错了。他想进去当面解释一下，巡捕便将此事禀报了上去。不一会儿，巡抚就出来了，问年轻人："难道你不记得当年在书铺里的事了吗？那个时候的你对一文钱都要贪。现在你当上了官，那还不得把手伸进别人的口袋里直接偷呀？还是请你马上解下大印走吧！"南昌人这才明白，原来幕后的那位"高人"就是当年问自己姓名的老人，他后悔不已。

这个年轻人因为一文钱而断送了自己的官途，实在令人感到可惜。这个故事也向人们说明了一个道理：要忍一时的失，才能有长久的得，要能忍小失，才能有大的收获。大量事实也证明，在小利面前如果贪心过剩，往往就会被牵着鼻子走。俗话说得好："舍去世俗三分利，得来冰心一片清。"小鸟若不是放弃了温暖舒适的巢穴，又怎会拥有壮阔蔚蓝的天空；鱼儿若不是放弃了涓涓细流的小溪，怎能见识大海的深沉及波浪。同样，人类若是舍不得眼前的小利，便不能拥有辉煌的未来。

将眼光放得更加长远一些，是一个成功人士所必须具备的素质。倘若你能看到每一次失去的背后都会有更大的机遇在等着你，那么你就不会因为舍掉眼前的利益而心痛不已。从某种程度上来说，舍小利也是一种投资，大的利益往往都是从舍小利开始的。

凡事应该从大局着想，为整体利益暂时放弃一些局部利益。诚然，抓住眼前的小利能够让人欢愉一时，但很多人都没有想过：试图处处得利，一定会让自己处处被动，造成整体失利的结果，受害的终归还是自己。

子曰："无欲速，无见小利。欲速，则不达；见小利，则大事不成。"只要生命中有着远大的目标和切实的计划，纵然遥不可及，但它仍是人生中的大事，会产生一股催人奋进的动力和勇气，促使你朝着远大的目标心无旁骛地勇往直前。若盯着蝇头小利，只会拣了芝麻，丢了西瓜。做生意、做学问、做人，都是如此。凡事从大处着眼，只盯着鼻子前面这点小利，没有远见，最终会因小失大，成不了气候。

陶渊明舍得五斗米辞官，才能拥有"采菊东篱下，悠然见南山"的自得；比尔·盖茨舍得哈佛大学的一纸文凭，才创造了今天微软的财富神话……如果他们只着眼于眼前的小利，怎么会有以后的成就呢？一个成功的人生，必须要看透"舍"与"得"之间的关系，拥有时候或许我们正在失去，而舍掉的时候或许我们也正在获得。安于一份放弃，固守一份超脱，这才是至高的境界及智慧。

6. 先退一步，再往前跳

很多时候，退让一步，对我们来说并没有什么多大的损失，但是，结果却往往令人惊喜，我们不仅赢得了更广阔的天空，还赢得了快速前行的心情。退一步海阔天空，其实，退一步再往前跳，更是一种睿智。

遇到问题，我们不要着急，要冷静下来，先退一步。因为，退一步并没有影响你前进，而且还给了你更多的回旋余地和思虑时间。减少盲目，走得从容，何尝不是一件好事？

忍一时风平浪静，退一步海阔天空。生活中，难免出现争执和不和谐的音符，但是，只要我们懂得退让的道理，就可以减少这种无谓的争辩和喧嚣——即使明知我们自己是正确的，即使明知别人是在挑刺，即使明知别人在不懂装懂。因为，退一步，你可以走得更快更远，你可以跳得更顺利更开心。

意大利艺术家米开朗基罗一生创造出无数的著名作品，其中大理石雕像"大卫"更是让其享誉全球。可是，米开朗基罗在雕刻"大卫"的时候却还遭到过上级的"指导"。一天，当米开朗基罗在雕刻"大卫"的时候，主管的官员前往视察，结果对"大卫"非常不满意。米开朗基罗询问："有什么地方不对吗？"主管的官员说："鼻子太大了。"可是，在米开朗基罗的眼中，"大卫"的鼻子就应该是这个样子的。但是他并没有讲出来，而是装作审视的样子，认真地看了看"大卫"，然后大叫："可不是吗？鼻子是大了点，我马上改。"说着就拿起凿刀等工具爬上了雕刻架子，叮叮当当地"修改"起来。不一会儿，地上就掉下了好多大理石粉，那官员也不得不躲开。然后，他爬下架子说："您看，现在可以了吧？"官员再次检查后，非常高兴地说："是啊！好极了！这样才对啊！"然后很满意地离开了。其实，米开朗基罗什么也没做，"大卫"还是原来的"大卫"，"大卫"的鼻子也还是原来的鼻子。聪明的米开朗基罗懂得退一步的道理，只是偷偷抓了一些大理石和石粉，在架子上做做样子，仅此而已。然而主管官员却以为米开朗基罗已经按照自己的意思进行了修改。

米开朗基罗并没有因为坚持自己的意见而选择跟主管官员大吵一架，或者争论一番，更没有做无谓的辩论，因为他知道与上级理论，吃亏的只有自己。退一步，反而让米开朗基罗往前"跳"得更远、更快、更开心。试想，如果米开朗基罗不懂得适时后退，那么他的"大卫"很可能没有办法顺利完工，或者延期，或者损毁，或者永远也无法再按照米开朗基罗自己的意愿完成。

现实生活中，我们无时无刻不在面对这样的问题。比如说上司当众批评了我们，但是上司是错误的；对方无法理解我们的意思，纵使我们的表达非常清晰；领导否决了我们的方案，而且很可能领导只是在按照自己的审美判断等。可是我们不可以愤怒地进行反抗，因为当众应该给上司留足威信所赖的面子；我们也不能直接埋怨对方思维有问题，因为这对你与对方的交流沟通毫无意义；我们还不能指责领导的水平，因为领导毕竟有比自己强的地方，更何况他所站的位置攸关全局。

7. 舍掉虚荣，不做"光环"的奴隶

许多文学巨匠都曾写过爱慕虚荣的人，法国作家莫泊桑《项链》中的主人公要数其中最突出也最典型的了。故事向我们讲述了一个小公务员的妻子，接受了教育部长举办的舞会的邀请。主人公由于爱慕虚荣，向好友借了一条项链，并在这次舞会上出尽了风头，但回家后却发现项链丢了。为赔偿好友的项链，她和丈夫借了一大笔钱，辛苦工作了10年才把债务还清。10年后的一天，主人公重遇那位好友，才得知自己当年丢失的那条项链只不过是一件赝品。

命运向主人公开了一个天大的玩笑，她和丈夫忍辱负重了十年，竟然是为了一件赝品、一个笑话。她应该是惊讶，还是茫然？10年——人的一生能有几个10年？如果说命运对她的不公，就是虚荣对她的惩罚，那么，她也应该觉悟，这完全是她一手"创造"的后果。

　　有一只猫，非常高傲，以为自己很了不起，什么都知道，它从来都不把别的猫放在眼里。为此，当它犯了错时，为了保持高傲的形象，它就会对自己的过错百般掩饰，生怕丢了面子。

　　有一次，这只高傲的猫几天都没有抓到老鼠了，肚子饿得咕咕直叫。当它发现了一只老鼠，它立马不顾一切地冲上前去，拼命地去追。这时，它的一个伙伴正蹲在一扇窗户前看着它，高傲的猫一见，赶紧调整自己疲于奔命的样子，使自己跑的姿势尽量显得优雅从容。可是这样速度就慢了，老鼠也趁机溜走了。这只猫又担心别的猫笑话它捕鼠能力太低，就解释说："这只老鼠太瘦了，等养肥了再捉。"

　　还有一次，它到河边去捉鱼，不小心被鱼尾巴打了两下，溅了它满脸的水。当它慌忙地擦脸上的水时，鱼却跑掉了。为了自己的面子，它向同伴们解释道："你们以为我捉不住它吗？其实我只是想利用它的尾巴来洗洗脸罢了！"说完就和同伴们往回走。它边走边吹牛，高傲地抬着头，突然一不小心掉进了路边的泥沟里。同伴们一看，都急着要拉它上来。它为了维护自己的"形象"，就说道："不用拉，不用拉，是我自己跳进来的。我身上的小虫多，用这种方法治治它们是最好不过的了！"

　　又有一天，它和伙伴们在河边玩耍，有一个伙伴说道："那只大花猫可牛了，它会游泳呢！"高傲的猫一听，非常不服气，说道："那有什么呀，我也会！"同伴们都摇头不信。为了证明自己，它一下子跳进了水中。伙伴们以为它说的是真的，都看着它，可是不一会儿，它就沉入了水中。它在水底被憋得喘不过气来，只能拼命地挣扎。此时此刻，它想呼喊同伴救助自己，可是嘴一张就是一口水，呛得它上气不接下气。过了一会儿，它就什么也不知道了……

这个故事告诉我们，虚荣心，就像人脸上的一块疮，如果在疮刚长出来的时候就赶紧去治，很快便会治愈；相反，若是怕被人看见，用一张纸把它盖起来，只会使病情更加恶化。

克服虚荣，必须分清自尊心和虚荣心的界限，正确认识自己的优点、缺点，必须做一个诚实的人，必须培养自己的求实品质。

有些人非常希望得到别人的尊重与欣赏，却往往不能如愿以偿，一个重要的原因是他们陷入了虚荣的误区。

虚荣心是一种表面上追求荣耀、光彩的心理。虚荣心重的人，常常将名利作为支配自己行动的内在动力，总是在乎他人对自己的评价。一旦他人有一点否定自己的意思，他便认为自己失去了所谓的自尊而受不了。

虚荣是指表面上的光彩，加上"心"字，就是追求表面光彩的心理。虚荣心是对荣誉的一种过分追求，是道德责任感在个人心理上的一种畸形反映，是一种不良的心理品质，其本质是利己主义的情感反映。

每个人多多少少都有点爱慕虚荣的心理，男人大多追求自己的名誉、地位、钞票、车子等，女人更多的追求自己的衣着、容貌、老公、房子等，尤其当今社会经济发展突飞猛进，人们的需求已经不仅仅是为了生存，为了解决温饱，已经不能像老子在《取舍》中所言："难得之货使人是以圣人之治也，为腹而不为目，故去彼而取此。"因为每个人都不喜欢自己在任何方面比别人落后，或低人一等。一定限度的在道德与法律之内的虚荣心是可以理解的，可是过分追求表面的荣耀，小则道德沦丧，大则走向罪恶的深渊。

过分有虚荣心的人，总是从某种个人动机出发，追求一种暂时的、表面的、虚假的效果，甚至弄虚作假，欺诈骗取，完全失去了从行为的社会价值来评价自己行为的能力，其行为的目的仅仅在于取得荣誉和引起普遍注意，得到周围人的赞赏和羡慕。

在《权子·顾惜》中耿定向谈到一个"孔雀爱尾"的故事：一只雄孔雀的

长尾闪耀着金黄和青翠的颜色，任何画家都难以描绘。它生性嫉妒，看见穿着华美的人就追着啄他们。这只孔雀很爱惜自己的尾巴，在山野栖息的时候，总要先选择能搁置尾巴的地方才安身。一天下雨，打湿了它的尾巴。可是捕鸟人就要到来，它却还在回顾自己美丽的长尾，不肯飞走，终于被捉住了。故事隐喻人们为了没有意义的美好理想不惜牺牲了自己的生命和自由。

如果把对毫无价值的东西的追求发展为似乎是美好的愿望时，这样的虚荣心便是自尊心的过分表现，在这个意义上，虚荣心就会表现为可悲的甚至不道德的社会情感，常常使人做出没有理智的、不成熟的反社会行为。

当今社会普遍存在的一种虚荣是指对名的变态追求，它会使社会形成不务实的浮夸之风，使个人丧失生活的基础，从而陷入彼此钩心斗角之中，因为一个人的虚荣心和另一个人的虚荣心是不能共存的，只有互相伤害。这样的故事，古今中外举不胜举。

虚荣心强的人，貌似其荣誉感强，但实际上是他对道德荣誉的一种反动。因为虚荣心强的人，他在思想上会不自觉地渗入自私、虚伪、欺诈等因素。虚荣的人为了表扬才去做好事，他对表扬和成功沾沾自喜，甚至不惜弄虚作假。

实际上，虚荣心很强的人，他（她）的深层心理是心虚的，表面的虚荣与内心深处的心虚总是在斗争着。因此有虚荣心的人至少受到来自两个方面的心灵折磨，一是没有达到目的之前，被自己的不如人意的现状所折磨；二是达到目的之后，为唯恐真相露馅的恐惧所折磨。因此他们的心灵总是痛苦的，是没有幸福可言的。有虚荣心的人为了夸大自己的实际能力水平，往往采取夸张、隐匿、欺骗、攀比、嫉妒甚至犯罪等反社会的手段来满足自己的虚荣心，其危害，于人、于己、于社会都很大。所以极有必要克服虚荣心。

TIPS：测测你的虚荣心有多强？

每个人都有虚荣心，但是虚荣心也是有度的。下面就来测试一下你的虚荣度吧。

1.上公交车时掉了10元钱，你会下车去拣回来。

是→5题　　　否→2题

2.在外面吃饭常常剩下很多。

是→3题　　　否→7题

3.买礼物送人时，你不会挑实用的，会挑好看的。

是→4题　　　否→7题

4.不管是衣服还是小东西，你都会挑名牌。

是→8题　　　否→11题

5.笑的时候喜欢张大嘴笑。

是→6题　　　否→7题

6.朋友如果没有事先告知而突然来访，你会很生气。

是→7题　　　否→9题

7.买不起的东西，就算是分期付款也要买。

是→4题　　　否→8题

8.多次因受不了店员的推荐而买下商品，回家后却后悔。

是→11题　　　否→9题

9.爱算命，但是不喜欢在算命的地方被朋友看见。

是→11题　　　　否→13题

10.身上只带了3000元，朋友找你借5000元时，你会说忘记带钱包而不是钱不够。

是→15题　　　　否→13题

11.参加宴会时，你发现别人穿的衣服比你的还时髦时，你会早早回家。

是→15题　　　　否→10题

12.对第一次见面的人，你会对他(她)的学历和职位产生好奇。

是→16题　　　　否→15题

13.很少出国旅行，一旦出国必定住一流的宾馆。

是→B型　　　　　否→A型

14.你非常向往金童玉女且舒适而又多金的婚姻。

是→C型　　　　　否→B型

15.你很在意别人的眼光和评语。

是→16题　　　　　否→14题

16.买东西时，即使是小钱，你也会叫店主找零。

是→D型　　　　　否→C型

A——虚荣强度10%

不管周遭现在流行什么，你都不太在意，你甚至觉得那些人比来比去是件很无聊的事。你认为自己的心情最重要，没有必要去管别人怎么想。你相当有自信，似乎没什么能打动或干扰你的心情。但要小心太过于冷漠，会让爱你的人着急哦。

B——虚荣强度40%

你是一个虚荣心不怎么强的人，但你偶尔也会去买一些昂贵的东西。当然，那必须在你的经济许可范围之内，你认为有必要才会去买它。不过，有时候也是为了不想扫对方的兴，才会去迎合别人、配合别人，做一些令自己不开心的事情。建议你去找一些和自己趣味相投的人。

C——虚荣强度70%

你除了虚荣心强，自尊心也很强。你是一个不愿意认输的人。你非常在意周围的人怎么看你，因此总是装着一副光鲜亮丽、幸福满足的样子。老是跟别人比，难道你不觉得累吗？其实，你可以成为朴素点、真实点的人，是那种好强的心理造成了你偏执的个性。有时不妨放松一点，做你自己才是最明智的人生选择。

D——虚荣强度90%

你是个爱慕虚荣的人，你的谈吐行为无一不清楚表现出虚荣的气息。也许你自己不觉得，但你常常为了夸耀自己而把自己捧得高高在上，不惜说出一大堆谎言来欺骗别人。但是，牛皮也有吹破的一天，到时你会很惨，没有人会再相信你。

虚荣心是可以通过自我调适来克服的，请参考下列建议调整自己：

(1)正确理解权力、地位、荣誉的内涵和人格自尊的真实意义，端正自己的价值观与人生观，努力追求真善美。

(2)要本着清醒的头脑，面对现实，实事求是，从自己的实际出发处理问题，摆脱从众的心理困境，克服盲目攀比心理。

(3)过分追求荣誉，显示自己，就会使你的人格受到歪曲。崇尚高尚的人格可以使虚荣心没有机会抬头。同时还要正确看待失败与挫折，必须从失败中总结经验，从挫折中悟出真谛，树立正确的荣辱观，珍惜自己的人格。

(4)学习良好的社会榜样。从名人传记、名人名言中，从现实生活中，以那些脚踏实地、不徒虚名、努力进取的革命领袖、英雄人物、社会名流、学术专家为榜样，努力完善自己的人格，做一个实事求是、不自以为是的人。

(5) 对不良的虚荣行为进行自我心理纠偏。如果个人已出现自夸、说谎、嫉妒等病态行为，可以采用心理训练的方法进行自我纠偏，这种方法源于条件反射的负强化原理。即当病态行为即将或已出现时，个体给自己施以一定的自我惩罚，如用套在手腕上的皮筋反弹自己，以求警示与干预作用。久而久之，虚荣行为就会逐渐消退，但这种方法需要超人的毅力与坚定的信念才能收效。

8. 舍掉攀比，驱除嫉妒的妖魔

人与人各有差别，从外貌、性格到能力、地位等都不尽相同。于是，在比较之中，嫉妒也就产生了。

《心理学大辞典》中说："嫉妒是与他人比较，发现自己在才能、名誉、地位或境遇等方面不如别人而产生的一种由羞愧、愤怒、怨恨等组成的复杂的情绪状态。"

嫉妒的危害是不可小视的,它能摧毁人的自信、快乐以及幸福的感觉,让人在烦恼、焦虑、抑郁中尝尽痛苦。所以,莎士比亚说:"您要留心嫉妒啊,那是一个绿眼的妖魔!"

一天,鸟儿子和鸟爸爸站在一棵树上聊天,一起探讨关于幸福的话题。

鸟儿子问鸟爸爸:"人幸福吗?"

鸟爸爸回答:"人没有咱们幸福。"

鸟儿子接着问:"人类吃得好,穿得好,住得也好,为什么还没有咱们幸福呢?"

鸟爸爸回答:"因为人的心里扎了根刺,这根刺无时无刻不在折磨着他们。"

鸟儿子很惊讶地问道:"心里扎了一根刺?"

鸟爸爸回答:"这根刺就是嫉妒。"

嫉妒如卡在人内心的一根刺,控制不住,就会任妒火燃烧,做出错误的事情。每当看到别人比自己出色时,自己就会眼红,强烈地希望自己能很快超过他。但要在这个大社会中生存,要接触到各行各业的人物,总会有技不如人的时候。于是你就产生了嫉妒的心理,仇视比自己强的人,给自己的生活平添了许多烦恼和纷扰。

孙丽是某大学社会学专业大三的学生,她是以优异的成绩考上这所名牌大学的。刚上大学时,她与班上的同学关系非常融洽,大家都很喜欢朴实、热情的她。

可慢慢地,她产生了严重的心理不平衡。只要别的同学哪方面比她强,她就会眼红;只要老师表扬别的同学,她心里就酸溜溜的;她看见别的同学家境好,过着富裕的生活,她心里就特别不平衡;她看见别的同学被评为"三好学生",她就嫉妒得夜里辗转难眠。

尤其让孙丽看不惯的是与她来自同一高中的老乡同学。原本两个人各方面都差不多，可上了大学后，老乡同学的成绩越来越好，还当上了班干部，这实在令她无法接受。于是，她开始到处给那位老乡同学散布流言蜚语，造谣中伤她。渐渐地，大家都疏远了孙丽。她为了争口气，把老乡比下去，竟然在班干部选举中做小动作、拉选票，结果却只有自己投的一票，搞得自己十分狼狈。一计不成，她又生一计，在期末考试中，为了拿到高分，她夹带纸条作弊，结果被监考老师当场抓到。孙丽痛哭流涕地求监考老师手下留情，可是学校的制度是无情的。当天，学校教务处就做出了开除其学籍的处分决定。

孙丽没想到自己的大学生活会以"被开除"告终。她觉得无颜面对父母，于是去了另外一个陌生的城市……

如果孙丽不是放任自己嫉妒他人，而是把精力放在学习上，那她也会像她那位老乡同学一样有巨大的进步，成为令人羡慕的榜样。可是她却选择了一条错误的道路，与其说是别人的成功妨碍了她，倒不如说是她自己的关注点发生了偏差，自愿从生活的轨道上脱离而自毁前程。

人的欲望，一方面是人类本身的需要，然而社会发展到现在，这方面的原因所占比例已日渐缩小；另一个重要的原因就是人与人之间的嫉妒。因为嫉妒心理在作怪，我们总觉得别人处处比自己强。嫉妒别人买了面积大的商品房、开上了高档时尚的轿车，嫉妒别人家孩子的学习出类拔萃、别人的伴侣貌美帅气，嫉妒别人的职业好、挣钱多……

嫉妒心理是一种消极的、不健康的情绪或情感，产生嫉妒心理的原因至少有两个方面：一是不能接受别人比自己强的现实；二是权力欲、支配欲、占有欲强。

从某种意义上说，嫉妒是万恶之源，是人性的弱点。嫉妒几乎是人所共有的一种本能，但它又极不光彩，人人都要把它当作一件不可告人的东西隐藏起来。结果，它便转入了潜意识中，犹如一团暗火灼烫着嫉妒者的心。

说到底，嫉妒其实是一个人自信心或能力缺乏的表现。

黑格尔说："嫉妒乃平庸的情调对卓越才能的反感。"嫉妒发生的根源往往是人们通过与他人比较来确定自身价值。当看到别人的价值增加时，便会觉得自己的价值在下降，从而产生痛苦的体验。尤其是当比较对象原来与自己不分上下甚至不如自己时，更觉得难以忍受。

嫉妒很容易转化为对所比较对象的不满和怨恨，进而产生种种嫉妒行为，要么寻找对方的不足将其贬低，要么散布无根据的谣言诋毁对方名誉，甚至采取极端手段毁物伤人。有的人即使能控制自己不表现出过激行为，但出于防御心理的需要，常在对方面前表现出一种傲慢的、难以接近的面孔，用以维护自己的"自尊"，其实他内心非常自卑。

一个小伙子，他家境不怎么好，自己毕业的院校又不怎么样，毕业后，一直找不到理想的工作。他心中一直有个梦想，就是拥有一套海景房，把一辈子面朝黄土背朝天的农民父母接过来好好享享福。

可是，当他开始工作打拼后，才发觉自己的薪水上涨幅度永远赶不上物价的涨幅，如果不寻找捷径，光靠死工资，估计10年也买不了一套普通住宅，更别说海景房了。

于是，他绞尽脑汁思虑方法。期间，他也努力地兼职赚钱，也曾在别人休息娱乐时奔波在致富的路上。可是，这一切带给他生活的改变小之又小。就在他郁闷困惑时，身边的人却不知不觉富裕了起来。他们看起来没有自己勤奋，却能靠着优厚的家境过上奢侈的生活；他们看起来没有自己能干，却总在步步高升；他们什么都不缺，却总能轻易得到自己如何努力都得不到的东西。

这一切搅得这个小伙子心神不宁，他内心那极力想通过努力保持平衡的天平越来越不平衡了。

"凭什么他们就要比自己过得好？"

"凭什么我不能拥有，他们却能拥有？"

"凭什么好事都是他们的？"

……

209

嫉妒的怒火燃烧着他，让他变得越来越不可理喻。他再也不会有风度地祝贺别人的得到，反而总是冷嘲热讽，或者冷眼以待，那神情俨然全世界都欠他的。

这样的态度，让越来越多的人讨厌他、看不起他、排斥他。而他把这一切又归结于自己的一无所有上。

后来，他得知一位富翁急需一颗健康鲜活的肾，提供者可以得到300万元的报酬。他心动了，为了300万元，他出卖了自己的健康。

然而，海景房的美景并没有让他快活，反而那儿湿冷的气候让他的健康每况愈下。他的右手总是护在他另一颗肾所在的地方，唯恐一不小心那颗肾也丢了一般。

古今中外，因嫉妒引起人际关系紧张和冲突的事件不胜枚举。一些伟人及科学家在晚年为了保住自己的权威、地位所表现出的嫉妒心理，给人类造成的遗憾和损失更是令人痛心。如牛顿嫉妒晚辈，压制格雷的电学论文发表；卓别林嫉妒有才华的导演，焚毁了唯一的一部《海的女儿》的电影复制；英国科学家戴维发现并培养了法拉第，然而，当法拉第的成绩超过他之后，戴维心中不可遏制地燃起了嫉妒之火。他不仅一直不改变法拉第"实验助手"的身份，还诬陷他剽窃别人的研究成果，极力阻挡他进入皇家学会，这大大影响了法拉第创造才能的发挥。直到戴维去世，法拉第才开始其真正伟大的创造。戴维本应享受"伯乐"的美誉，却因其嫉妒心理阻碍了法拉第的迅速成长，不仅给科学发展带来了损失，也使他背上了"阻碍科学发展、使科学蒙难"的恶名，留下了令人遗憾的人生败笔。

嫉妒的人总是容不下别人。德国有一句谚语："好嫉妒的人会因为邻居的身体发福而越发憔悴。"所以，好嫉妒的人总是40岁的脸上就写满了50岁的沧桑，会因为生活中到处都是"敌人"，而觉得世界末日即将到来。

嫉妒是心灵的枷锁，会将一个人牢牢拴住。人们不但得不到任何好处，反而会因此跌进痛苦的世界中走不出来。正如巴尔扎克所说："嫉妒者受到的痛苦比任何人遭受的痛苦更大，他自己的不幸和别人的幸福都使他痛苦万分。嫉妒心强的人，往往以恨人开始，以害己而告终。"

《三国演义》中，有位英才盖世、文武双全的大英雄叫周瑜。这位当时很了不起的风度翩翩的美男子，年纪轻轻就执掌了江东（吴国）的统兵大都督要职。他在赤壁大战中，更是显出了叱咤风云、谋略高人、指挥得当的政治军事才能。他以少量的东吴和刘备之师，取得了大破曹操83万大军的辉煌胜利，在历史上留下了赫赫声名。据说，周瑜不仅能征善战，文韬武略堪称上乘，更是位难得的英俊奇才。此外，周瑜还熟谙音律。有传闻说他听音乐演奏时，若谁奏错一个音符，他便即刻能耳辨明详。为此，有"曲有误，周郎顾"之说。当后人对周瑜其人进行褒奖盛赞之际，人们同时也看到了这位英年早逝者的致命弱点，那就是他爱嫉妒。

周瑜为人心胸狭窄，人人皆知。在取得了赤壁大战的成功后，他竟容不下与他共同抗曹的诸葛亮的存在，并密令部将丁奉、徐盛击杀诸葛亮。不料诸葛亮早有准备，他密杀不成。为此，周瑜万分气愤。如此不能容人的周瑜，密除同盟，过河拆桥，实在让人心寒并为之深感可悲。

周瑜为什么容不下诸葛亮？原来，足智多谋的诸葛亮处处高周瑜一着，尤其在关键时刻，事事想在周瑜之前，且能将周瑜的内心活动看得入骨三分。正因如此，才使得量窄、嫉才的周瑜寝食难安，随时想除掉才智高于自己的诸葛亮。而诸葛亮又总先于周瑜谋害前就有所防备，这更使周瑜一次比一次气憋于心。嫉才的结果，反把周瑜自己给活活"气死"了。

有道是："人之将死，其言也善。"可周瑜在临死之前，非但未能悔悟自己的致命弱点，反而含恨仰天长叹，曰："既生瑜，何生亮？"连叫数声而亡。一代英雄就这样自掘坟墓，害人而最终害己。

莎士比亚曾经说过："像空气一样轻的小事，对一个嫉妒的人，也会变成天书一样坚强的确证。也许这就可以引起一起是非。"

一旦我们被嫉妒的毒蛇缠上，生活中就会有越来越多的事引起我们的不平和愤恨：

别人的衣着比自己的光鲜，我们会愤愤不平；

别人比自己多和上司说了一句话，我们会郁闷一整天；

别人的男朋友比自己的帅，我们会恼怒不止；

……

我们会因为无法容忍日常生活中每一件事，而时时刻刻心情烦躁，终日饱受嫉妒的折磨，最后被它灼伤。

9. 不做金钱的奴隶

赚钱是为了什么？也许很多人都认为这是一个"傻瓜式"的问题。赚钱不就是为了让自己的生活过得更好一些，更快乐一些，更幸福一些吗？可是，不知道那些整天为了钱而奔波的人想过没有，当你忙着"淘金"的时候，是不是还记得自己最初的愿望呢？你真的得到快乐了吗？你真的感到幸福吗？在金钱面前，你的最后一丝自尊与道德是否也变得不堪一击呢？

西方有句谚语：金钱就是上帝抛给人类的一条狗，它既可以逗人，也可以咬人。这一句话便道出了金钱的两面性。对金钱，人们只有两种选择：要么去驾驭它，做它的主人；要么被它驾驭，做它的奴隶。很显然，选择前者才是明智之举。可是在现实生活中，不少人都选择了第二种。

追求金钱是没有错的，正是因为有了这种欲望，人们才会去努力奋斗，去创造财富。但错的是，在财富面前，很多人却迷失了心志，他们不顾一切地去"掠取"财富，甚至不讲仁义道德，发不义之财，在欲望的旋涡中打拼、彷徨、挣扎，难舍难弃，无法自拔，终日为钱所累，也泯灭了自己的本性。最后，虽然他们得到的金钱越来越多，但是却无法满足他们的"野心"，他们的欲望也越来越强烈。

从前有个大财主，他家里非常富有，以至于他不得不请来十几个账房先生为他管账。可是即便是这样，先生们还是忙不过来。虽然拥有这么多让别人羡慕的财产，但这个财主却并不快乐，甚至他每天都寝食难安，愁眉不展。因为他白天忙得不能睡觉，夜晚又兴奋得睡不着觉，还总是担心小偷来偷他的钱。而在他家的隔壁有一对穷苦的夫妇，他们靠卖豆腐过日子，尽管日子过得十分清苦，但老两口每天从早到晚却有说有笑，显得十分快乐。

每当听到老夫妇的笑声时，财主便会觉得百思不得其解，不知道有什么事情让他们这么高兴，便去问一位账房先生："为什么我这么富有却快乐不起来，而隔壁邻居的日子那么苦还能那么高兴呢？"账房先生回答说："老爷，这您就有所不知了。想知道答案，其实很简单，只需隔墙扔过去几锭银子就行了。"于是，富翁趁晚上夜黑无人，将五十两银子扔到了豆腐店里。卖豆腐的老夫妇拣到了"天上掉下来的馅饼"，自然欣喜苦狂，他们赚一辈子也未必可以赚到这么多。于是老两口忙着藏银子，又考虑该如何花这些银子，还要担心被别人偷……这些银子弄得他们吃不好饭，睡不好觉，日夜难安。从此以后，财主再也没听到隔壁邻居的歌声和笑声了，他这时才恍然大悟："原来让我不快活的原因，就是这些钱财啊！"

故事中的财主虽然有豪华的物质享受，但他的内心却从未得到过真正的快乐，而隔壁的穷夫妻尽管日子清苦，但却没有过多的烦恼。"从天而降"的五十两银子打破了隔壁穷夫妻平静的生活，不知他们作何感想呢？

世俗的人们总是认为，金钱的多少是衡量一个人成败和他的存在价值的标准。这也正是为什么那么多人苦苦追求金钱的原因之一。但事实真的如此吗？一个依靠卑劣的手段发家致富的人，值得我们去尊敬吗？就像"守财奴"葛朗台一样，他的一生都在为金钱所累，甚至为了钱可以不顾妻子和女儿的幸福。试问，这样的人活在世上是否有价值呢？

固然，追求金钱是没有错的，金钱可以让人们实现很多理想，得到想要的东西。但人活一世，并不是只有金钱才值得追求的。倘若一个人的眼中只有金钱，那么天长日久之后，他便会形成一种可怕的习惯。这种习惯主宰着他的意识，控制着他的思想，影响着他的人生，直到有一天火烧眉毛了他才会发现：原来这样的生活一点都不快乐，原来这样的人生一点都不值得。

能驾驭金钱，才是生活的强者。

一项调查显示，人类有70%的烦恼都是和金钱有关的。只为了钱而活着的心理，是一种变态的心理。如果一个人的一切所作所为都是被钱所左右的，那这样的人没有第二条路可走，他会在金钱面前变成奴隶，并埋没他其他所有的有价值的理想和目标。

一个欧洲观光团来到了一个原始部落，这里有很多具有地方特色的物品，引起了观光团极大的兴趣。其中，一位老者正在十分专注地做草编，看起来非常精致。观光团中的一位法国游客想："如果把这些草编运到法国，一定会得到女人们的喜爱，引起疯狂的抢购。"想到这儿，法国游客问老者："请问，这些草编多少钱一件？"

老人回答："10比索。"

"天哪，这太便宜了，"法国游客看起来有些欣喜若狂，他接着问，"如果我要买10万顶这样的草帽和10万个这样的草篮，那么需要花多少钱呢？"其实，法国商人是想把价钱再往下压一压，这样他就可以赚到更多钱。

可是出人意料的却是，老者竟然不动声色地回答说："如果这样的话，那我得收你20比索一件！"

周围的人都以为老者是在说糊话，法国游客自然也不例外，他几乎不敢相信自己的耳朵："什么？20比索？这是为什么？"

老人生气地说道："为什么？如果我做10万顶草帽和10万个草篮，那么我就没有一点时间来做其他事情了，这样会让我觉得乏味死的！"

老人的回答，值得我们每个人深思，他不为金钱所动的精神实在让人佩服。也许换成别人，早就已经高兴得忘乎所以了，即便把自己忙得晕头转向、天昏地暗也在所不惜。可老人宁愿享受快乐，也不愿以金钱来换取单调的生活。在我们的周围，这样的人又有多少呢？

面对财富，保持一份平常心很重要。一个真正懂得生活的人会明白，生命中不是只有赚钱这一件事，还有比钱更加重要的东西值得我们去追求。我们也追求金钱，但绝不会做金钱的奴隶。如果我们总是让"赚钱"这件事把自己的生活填得满满的，那么快乐和幸福永远都不会来，因为我们容不下它们。

10. 剥弃世俗外衣，舍弃功名利禄

古人云："功名乃瓦上之霜，利禄如花尖之露。"假如人人都以平和的心态对待功名与利禄，舍去贪婪与名利等一切是是非非，才会做到无忧无虑、清静自如，才会脚踏实地地做人。

政论家邹韬奋曾经说过："一个人光溜溜地到这个世界来，最后光溜溜地离开这个世界而去，彻底想起来，名利都是身外之物，只有尽一个人的心力，使社会上的人更多得到他工作的裨益，才是人生最愉快的事情。"的确如此。人生在世，如果只是为了追求功名利禄而使自己整日陷入匆匆忙忙之中，不管你付出多大努力，成功永远都会远离你。而最为明智的选择就是卸下重担，放下包袱，不为名利所累，以"学以致用"为首。

毋庸讳言，重名爱利是人们的常态心理之一。在这个物欲横流、精神匮乏的时代，每个人都想在不断忙碌中有所收获，而金钱、地位、名誉等仿佛已成为其收获的代名词。然而，在遭遇许许多多"潮流"袭来之时，能够力戒浮躁，力戒随波逐流，力戒张扬，最后得到的又有多少呢？那些不为名利所累的人，往往都是"名利双收"的成功人士，而图名利的人，最终都会身败名裂，并最终沉溺于名利中。在现实生活中，不计其数的人们整日为名利去苦苦奔波，却在无形中忽视了"学以致用"。

《庄子·秋水》中有这样一则故事：一天，阳光明媚，庄子坐在水边钓鱼。正在这时，楚王派来的两个大夫向他走来，他们奉命前来邀请庄子到楚国

负责政务。见到庄子，他们说道："楚王有请，希望你到楚国负责政务。"只见庄子手里握着鱼竿，静静地坐在那里，仿佛没有听到他们说了什么似的。在两个大夫一而再再而三的苦苦哀求下，庄子却不屑一顾地对他们说道："听说楚国有一种神龟，它可以运用于占卜，已经死去三年了。楚王下令使人用昂贵的布帛裹盖着它，庄重地供奉在宗庙里。你们说，这只龟是宁愿死了后留下骨头以此尊贵呢，还是宁愿在污泥中拖着尾巴孤独逍遥地继续生存呢？"

"当然是拖着尾巴在泥塘中悠然自得地生存啊！"两个大夫不假思索地回答道。这时，庄子意味深长地说道："那你们就请回吧，我宁可像龟那样在污泥中拖着尾巴活着，也不愿在死后留着枯骨使人感到很尊贵。"

庄子之所以成为后人仰慕的哲学家、思想家、文学家，与他的淡泊名利是分不开的。培根所说："有人好像在知识中求得一个躺椅，以便休息自己那种向外追求忐忑不安的神情……或是求得一个商店，好来奇货可居，市利百倍……这种心理很能妨碍知识的发展。"所以，有成就的科学家，文学艺术家和成功人士，大凡是"心高志洁、智深虑广、轻荣重义"的。

人生最大的满足是认识自己并不断超越自己。认识自己，并不是一件轻而易举的事情；超越自己，更是一种弥足珍贵的能力，自我满足往往比他人的评价更为重要。或许，当别人由于金钱、地位而趾高气扬时，你也会感到自卑，感到失落。然而，当静下心来认真思考时，猛然间你不禁会觉得这一切均是身外之物。人生在世，趋利避害、追名逐利本是人之常情，但也应顺其自然、适可而止。倘若任由名利的欲念肆意疯长，势必将被"名缰利锁"深深束缚；倘若不择手段地争名夺利，就会落一个"身败名裂"的可耻下场。朱熹曾经说过："凡名利之地，退一步便安稳，只管向前便危险。"也就是说，莫以成败论英雄，莫以名利论成功。只有淡泊，才能明志；只有宁静，才能致远；只有剥弃世俗的外衣，才能播种成功的心田。

(1)学以致用，迈出成功第一步。

在中国历史上，韩信是伟大的军事家、战略家和军事理论家。在秦朝末年的楚汉战争中，他曾辅佐汉高祖刘邦战胜了强大的对手项羽，创造了辉煌的业绩。韩信的成功并不是偶然的，关键在于他懂得学以致用。关于这一点，从他的大量军事实践中，我们便可以看出一二。他不仅喜欢学习，而且还善于创造性地把所学得的知识运用到战争实践中。利用《孙子兵法》中"示形于东，击之以西"策略。韩信却创造出"明修栈道，暗度陈仓"，正是灵活地运用这个策略，才为他赢得了新的战役的胜利。

在公元前206年，韩信先派樊哙、周勃率一万精兵佯修曾被刘邦进汉中时烧毁的栈道，摆出将要出兵的阵势，示形于敌，使敌麻痹。当敌方项羽闻讯立即加紧斜谷防御的时候，韩信却率大军西出勉县转折北上，其后顺着陈仓小道进入秦川，于陈仓古渡口渡过渭河，顺势如破竹，倒攻大散关，"击之于西"，从而夺取三秦，成功收复关中。

正是由于韩信善于把学到的知识灵活运用于实践中，才赢得了战争的胜利。在过去，智力一直被视为一个人的成功关键，甚至是一个决定性因素。其实，影响成功的因素中，除了一个人的智力和知识外，更重要的是他应用知识的能力。古今中外许多著名人士，为什么他们能通过勤奋学习来达到成功？当然不只因为他们读过很多书，也不只是他们流过多少汗，吃过多少苦，而在于他们善于把学到的知识变成指导工作实践的"钥匙"。

如今，随着竞争愈加激烈，工作任务日益加重，不计其数的人们为了追求功名利禄而不断忙碌，无形中忽视了学以致用。其实，对一个人而言，即使其读的书再多，倘若他不能在实践中恰如其分进行运用的话，他则充其量只不过是一个"茶壶里装饺子——有货倒不出来"的"书呆子"。因此，只有做到学以致用，才能迈出成功的第一步。

成功的方法很简单，但简单并不表示容易。"不为名利"、"学以致用"看似简单的方法，仔细看来却也向人们昭示着它们的不易，因此，才有不计其数的人在驶向成功的道路上迷失方向。无论如何，均应懂得，如果按照这两个方法不断前进，就能逐渐接近成功。只有淡泊名利，才能为成功写下庄严神圣的一页;只有学以致用,才能为成功选择完美的捷径。

(2)淡泊名利,宁静致远。

话说在一次江南微服私访的过程中,乾隆皇帝来到江苏镇江的金山寺,从寺里看到山脚下大江东去,百舸争流,一派恢弘的气势,便忍不住兴致大发,随口向一个老和尚问道:"你在这里住了几十年,可曾知道每天来来往往有多少船只呢?"老和尚漫不经心地回答道:"我仅仅看到两只船,一只为名,一只为利。"老和尚一语道破天机,真可谓——高也。的确如此,人生在世,不论贫穷富贵,还是穷达逆顺,都不可避免地要与"名、利"打交道,绝大多数人们均难以度过"名利关"。毕竟世间存在着不计其数的诱惑,诸多口口声声称"视名利为粪土"的人,一旦遇到实际诱惑,便不能自持,而那些在诱惑面前坦然不动的人,则可谓"圣人"。

虽然名与利与每个人息息相关,但实质上它们只不过是一种身外之物,且追名逐利会为人们增添无尽的苦恼。诸葛亮曾教育8岁的儿子:"非淡泊无以明志,非宁静无以致远。"如今,这句话已经被许许多多的人们视为修身养性的座右铭与名言警句。

行至水穷处,坐看云起时,是一种淡泊;古今多少事,均付谈笑中,也是一种淡泊……淡泊既是一种崇高的精神境界,又是人生追求较为深层的定位;既是一份淡然豁达的心态,又是一种清朗明净的感觉。只有拥有淡泊的心态,才能避免在物欲横流的社会中随波逐流,才能避免对他人牢骚满腹。

人生的绝大部分烦恼,均源自于非分的欲望。只有具有淡泊的心态,才能处于平和的状态。倘若你珍爱自己的生命,就要静养自己的身心,而非坠入名利的陷阱中。当人的生命走到尽头的时候,名利就会犹如过眼云烟。千金散尽,只有拥有淡泊的精神,才能长存人间。唐朝著名大诗人李白曾创作出这样的千古佳句:"安能摧眉折腰事权贵,使我不得开心颜。"在战争纷乱的年代,古人尚能达到如此豁达的境界;当今社会,我们更应该淡化功利之心,超然出世。

(3)淡泊,自然洒脱。

随着社会的日益复杂,现代人们的压力随之增大,欲望也与之剧增。若要保持清醒的头脑,就不能缺乏淡泊;若要从容地走过人生岁月,就应多一份思考。人生的道路崎岖不平,有进有退,有升有降。倘若我们能够意识到"平平淡淡才是真"的道理,就能做出较为明智的选择。

曾有一位久经战场的将军,他看透了战场上的生生死死,便想逃避喧嚣的战乱纷争,决定以出家来安度过后半生。他找到禅师说明自己想要出家的缘由,并恳请禅师为他剃度。然而,禅师却意味深长地对他说道:"将军,你先不要着急,我认为你还不到出家的时机,请三思而后行。"将军回答道:"禅师,您就满足我出家的愿望吧!我现在无牵无挂,可以抛弃一切功名利禄,甚至包括我的爱妻与儿女。"禅师心平气和地说道:"不要着急,你的心意还不够真诚,有些浮躁。"将军只好返回家中。

次日,这位将军为了表示自己的真诚之意,一大早便来到寺院再次请求禅师为他剃度。令他出乎意料的是,禅师却莫名其妙地向他问道:"你来得如此之早,难道就不怕你的爱妻在家红杏出墙吗?"将军听后,恼羞成怒,张口大骂道:"你妈才在家里红杏出墙呢!"禅师微笑着说道:"我昨天认为你有些浮躁,还不适合出家,现在总应该相信了吧?"刹那间,将军无言应对。

在现实生活中,诸如这位将军的人不胜枚举。他们自以为淡泊名利,但实际上却达不到豁达的境界。的确如此,在五彩斑斓的大千世界里,若要做到淡泊名利,并非易事。

淡泊不是一种卑微的生存方式,它是一种不凡俗的生活习惯;淡泊既能体现一个人的修养,又能体现一个人的精神境界。当一个人既能宠辱不惊,又能不卑不亢,既能不为名利所累,又能不为蜚语所左右时,他便拥有了淡泊的全部内含。只有拥有淡泊的心态,才能在喧嚣浮躁的世间保持一份"众人皆醉我独醒"的非凡境界;只有具有淡泊的心态,才能在粗茶淡饭的情形下尽享天伦之乐。

(4)宁静，自然高雅。

郑板桥在官海中沉浮了几十年后曾发出这样的感悟："名利竟如何？岁月蹉跎，几番风雨几晴和，愁雨愁风愁不尽，总是南柯。"即是在归劝人们，不应过分追求"名利"。在名利场上，隐藏着不计其数的陷阱，过分地在意名利，只会让自己整日神经紧绷，挖空心思而活着；过分地看重名利，则会让你如同负重的老牛一般而不断奔波。

美国维尔伯·莱特和奥维尔·莱特兄弟，于1903年驾着他们自己发明的飞机首次试飞成功，从此以后，两人名扬天下。虽然已成为举世闻名的人物，但他们从不把"名声"二字放在心上，两人依然默默无闻地工作着。他既不写成功自传，又不参加毫无意义的宴会，更不接待试图进行采访的新闻记者。

有一次，一位新闻记者要求维尔伯·莱特发表谈话，维尔伯却若无其事地说道："亲爱的先生，你可曾知道，虽然鹦鹉喜欢叫得呱呱响，但是它却飞得并不高。"

还有一次，当弟弟奥维尔与家人共同用餐的时候，他顺手从口袋中掏出一条红丝带用来擦嘴。姐姐便好奇地问道："这条手帕是哪里来的？好漂亮噢……"奥维尔却毫不在意地说道："哦，这是法国政府为我颁发的荣誉奖章，嘴巴上沾了油没有手帕用，只好用它顶替了！"

当然，这并不是让我们照他们那样做，而是让我们学习莱特兄弟那种淡泊名利的心境与精神。能够淡泊名利，既是勇气，又是骨气；既可放飞人的心灵，又可还原人的本性；既可使你在顺境中不怡然自得，又可让你在身处逆境时不妄自菲薄……真正的淡泊名利者均懂得：若不能恬淡寡欲，就不能明确志向；若不能平静安和，就不能实现远大目标。

第七章 >>>>>

感恩惜福，天天都是好日子

乐善好施，是人类最古老，也是最美好的一种行为，更是中华民族的一种传统美德，它表现出了人们的慈善及淡泊之心。美国的演讲学家马克·吐温说过："善良，是一种世界通用的语言，且盲人可感之，聋人可闻之。"

在中国，人们历来都把帮助别人当作是一件乐事。帮助别人，既能解除他人的苦难，我们自己还能得到精神上的满足——精神升华和完善。因此，每个人都应该加强这方面的道德修养。

1. 乐善好施，为自己谋福添利

乐善好施是人的另一种投资方式，比直接把钱放入银行收益要"高明"得多。舍出一部分钱财，能够获得更多比钱财更加珍贵的东西。

从前有个生意人，他忙碌大半辈子积累了一大笔钱。可是，他并没有人们想象中的那么快乐，因为无儿无女的他正在发愁如何收藏偌大的家产。他想了很长时间，也想出了很多方法，但无论哪一种都不能让他感到安全，更谈不上使他快乐。最后，他只好将所有的钱财都系在腰间。

有一天，他路过一个寺院，看到寺院的门前放着一个用金属铸成的大钵，过往的人纷纷都将钱放在这个钵中。他百思不得其解，便向别人询问原因。别人告诉他："这个叫作'公共福田'，如果人们能够真诚布施，就会'舍一得万'，受益无穷。凡是被放到这里的钱财，都是用来救济穷人的，让众生能够脱离苦海。这个大钵名字叫'坚牢藏'，只要把金钱放在里面，便不会再受到任何伤害。反之，如果将金钱都放在自己身边，就很可能为自己带来天灾和人祸。"听到这里，这个生意人顿时幡然醒悟："我终于找到可以存放金钱的地方了。"随即便高兴地布施起来。

古人说，乐善好施，使受施者摆脱了困境，自己也获得了快乐。只有会花钱的人才会赚钱，只有舍得付出才有回报。我们必须清楚，"守财奴"的节俭并不会使你的财富增多，只会一步步地断掉你的财路。而当你变得乐善好施时，才会发现真正有意义的生活。原来快乐并不在于拥有多少，而在于付出多少。

放眼望去，古中今外，历史上不乏许多极为明智的商业经营者。那些闻名于世的大企业家们，无一不是乐善好施的人。他们非常善于用余财热心资助慈善、公益事业，但上帝并没有因为他们的乐善好施而使他们变得贫穷，反之，任何时候他们所拥有的都比普通人多，在事业上也得到了更大、更高的回报。世界首富比尔·盖茨被美国的财经杂志评为"世界上最乐于慈善事业的人"，他的一生都十分热衷于慈善事业，也正是因为他的乐善好施，他的事业才越做越大。

在中国古代，范蠡便是一位乐善好施的集大成者。两千多年来，人们一直奉范蠡为"商业鼻祖"，其中的原因除了他宝贵的经济思想之外，更重要的原因是范蠡能"富好行其德"。范蠡一生三次迁徙，每到一地他都凭智慧赚钱，曾三掷千金。他赚钱的"秘诀"就是散财，他赚到的钱财皆用来资助亲友乡邻，真可谓是"千金散尽还复来"。

快乐的"舍"是身心健康的标志，同时它也是人的一种难能可贵的魄力及一种豁达坦然的心境。人类最快乐的时候不是索取的时候，而是布施的时候。一个贯于乐善好施的人，他的心境永远都是平和的，永远不会因为"失去"而耿耿于怀。

五代时期时有一个叫窦禹钧的人，他30多岁时还没有儿子，为此很是苦恼。一天，他梦到了已经死去的祖父。祖父对他说："你命中注定没有儿子，而且也活不了多久，所以应该趁现在早点修福积德。"

从此以后，窦禹钧开始尽力做好事。亲朋好友有了什么事情，只要他能够帮上忙的，就会全力以赴。他一年所有的收入，除去全家日常的开支外，全部都拿来救济需要帮助的人。此外，他还自己花钱建了一座书院，收集书籍上千卷，聘请有才有德的老师，招纳来自四面八方的读不起书的贫寒子弟。但他自己家里却十分节俭，没有锦衣玉食，更没有荣华富贵。有一次，家里的一个仆人偷了他很多钱，还写了一份卖女契约贴在自己年幼的女儿身上："永卖此女，以偿还所偷之钱。"然后便逃跑了。窦禹钧觉得这个仆人实在可怜，便不再追究责任。他烧了契约，收养了仆人的女儿。待她长大后，还为她物色了一个好女婿。

后来，窦禹钧一连生了五个儿子，个个都长得相貌堂堂，聪明之极。此时他又梦见了祖父，祖父对他说："这些年来，你行善积德，天上已经登记了你的名字。你不仅能够延寿30年，五个儿子也都会出人头地。以后你应该再接再厉，不可松懈。"果然，后来他的五个儿子相继登科。八十二岁那一年，窦禹钧无疾而终。

窦禹钧的乐善好施，为自己争取来了好运气，家人也跟着兴旺发达起来。曾有人说："放在自家钱柜里的金钱的闪光，只能吸引它的拥有者毫无价值的注意力，正如萤火虫的辉光只能把自己暴露给它的捕捉者。"是的，再珍贵的东西，如果得不到使用和发挥，就如同一堆破铜烂铁，等着发霉生锈。钱财乃身外之物，死守着又有什么意义呢？当死神来临的时候，你不可能带走一分一毫。用再多的家产也买不回来一秒钟的生命。"钢铁大王"安德鲁·卡耐基也说过："如果一个人到死的时候还有很多钱，那么他实在死得很可耻。"

帮助那些需要帮助的人吧！并不是要你做什么"惊天地，泣鬼神"的事情，帮助别人有时只不过是需要我们做一些常人力所能及的事情，甚至只是举手之劳，并不会给我们带来任何的负担。

只要我们人人都多一点爱心，多一点问候，多一点帮助，多一点博爱，这个世界就会变得美好起来。

2. 学会苦中作乐，苦日子也要"甜"过

不少人都觉得自己的日子过得苦，其实细想一下，谁的日子过得不苦呢？即便是那些大款老板们，其日子也未必都是甜的。但不同的是，有些人苦日子也能过"甜"，而有些人却总是将自己沉溺在苦中，这其实是心态的问题。

生活的滋味是靠自己去调的，你往里面加盐，它自然就咸，你往里面加糖，那它就会变甜。不过，这里所谓的"盐"和"糖"并不是真正的盐和糖，而是我们每个人心里的味道。我们必须明白：谁的人生都不是圆满的。只要生活继续下去，那就一定会有苦的滋味，但不论有多苦，我们都应该学会苦中作乐。如果我们执着于生活中的"苦"，那么我们的人生就会痛苦不堪，但如果我们能换个角度来专注生活中的"甜"，那么，我们的人生就如同被泡在了蜜罐中。

人生在世，没有什么过不去的坎儿。很多时候，其实事情并没有那么糟糕，是我们的想象力将事情的严重性进一步扩大了。如果我们能够苦中作乐，就会发现困难其实不过如此。笑对人生是一种境界，也是度过暴风骤雨的一件法宝，掌握了它，你的人生便能无往不胜。

公园的一角里，有个女孩在那里哭泣，看起来悲痛欲绝。此时，走过来了一位老者，他轻声问道："姑娘，你怎么了？为什么哭得这么伤心？"女孩回答说："我刚才和男朋友分手了，我们是从小一起长大的，已经有了将近10年的感情。可是他说分就分了，头也不回，我当然很伤心。"

听了女孩的回答，老者却出人意料地哈哈大笑起来，还说："是这样啊，这可是件好事情啊！你怎么会哭呢？真是笨哪！"

女孩听了这话很生气，她说："你这位老人家怎么这样，我遭受了这么大的打击，你不安慰我也就算了，怎么还指责我？"

老者回答："因为你根本就不用难过啊，真正该伤心的是他才对。你只是失去了一个不爱你的人，可他却失去了一个爱他的人！"

女孩听了豁然开朗，停止了哭泣。

其实，生活中的很多烦恼和痛苦都是很容易解决的，有时候只需要换个角度来想一想。就像故事的女孩一样，换个角度想一想，就能够收获另一番风景。

日子是苦是甜，并不在于物质生活的好坏，而取决于人的内心。假如你认为自己的生活无可救药，那么你的一生就会在穷困潦倒中度过；假如你觉得生活可以有所改变，那么你就能够坦然面对任何困难。所以，如果你想让自己的日子过得有滋有味，那就让自己学会苦中作乐吧。

生活中总有一些人，他们面对苦日子时能够自得其乐，就是因为他们懂得笑对人生。他们出身贫寒，没有受到过高等的教育，从事着最基层的工作，但是在他们的脸上却看不到一丝生活的困苦。他们从不嗟叹，从不牢骚，从不抱怨，有的，是对生活的积极乐观、豁达从容，有的，只是缩放在脸上的明媚笑脸。他们用自己的行为，向人们诠释了幸福和快乐的内涵；在苦日子面前，他们展示了生活的大智慧。虽然他们并不高，但却值得世人仰视。

日子苦并不可怕，可怕的是人的心苦；受挫也并不可怕，可怕的是就此一蹶不振。所以，不论任何时候都应该提醒自己：只要信念还在，人生的旅途就会继续；只要乐观的精神还在，人生便会充满欢乐。无论遭遇多么不顺的生活，只要你能够撑过去，就能够看到胜利。所以，再苦再累，也要记得笑一笑。笑一笑，人生会更加美好。

她曾经是一位富家千金小姐，从小便过着锦衣玉食的生活，什么事情都不用操心，身边的丫鬟仆人成群。由于受到西方文化的影响，这位小姐养成了一个习惯：每天都要喝下午茶。不幸的是，后来由于种种原因，她的家道中落，她不再是被人家侍候的千金小姐，而是沦为了一个到乡下挖鱼塘、清粪桶的人。

很多年过去后，她早已不再是当年的那个千金小姐，岁月带走了她姣好的容颜，时光粗糙了她娇嫩的双手。可是，她喝下午茶的习惯却依然没有改变。现在家里一贫如洗，更没有当年用来烘烤蛋糕的电烤炉，该怎么办呢？她就自己动手，用一只铝锅在煤炉上蒸蒸烤烤，尽管没有控制温度的条件，她却烤制出了美味可口的西式面包。然后她把面包切片，再在煤炉上架上条条细铁丝，将面包片放在上面，做出了香喷喷的面包吐司。这个时候，她总是怡然自得地享受着那份独有的愉悦，浑然忘记了自己曾经受过的苦难，享受着幸福的点点滴滴。

尽管日子不再富裕，但她依然保持着那种细致的生活，这种苦中作乐的精神实在让人感动。如果人人都能够以她这样的心态来面对苦难挫折，那么还有什么困难能够打倒我们呢？

若生活中没有苦难，人生便少了几许骄傲和自尊；若生活中没有挫折，那么成功时便少了一份喜悦；如果生活中没有沧桑，那么人们就会缺乏一份同情心。因此，不要总是过于要求生活完美，要知道每个人都不可能"四季如春"。经历了春天的温暖，就必须等待夏日的烈火考验；收获了秋天的果实，就必须忍耐冬日的严寒。但回过头来你会发现，夏天虽然酷热，但却也有着如火的热情，它让人想到希望，想到未来，更给人以巨大的信心；而冬天虽然酷寒，但却也独有一份美丽存在，没有叶子的树枝，皑皑的白雪，这些都带给我们无限的遐想与憧憬。

花儿每天都在绽放自己美丽的笑脸，不会因你的哀怨而浪费美丽。所以，当你觉得苦的时候，笑一笑。把苦日子过甜，是一种恬淡的荣辱不惊，是一种静谧的居安思危，是一种顿悟的豁然开朗，也是一种达观的胸无城府，更是一种睿智的运筹帷幄。那么，究竟该如何将苦日子过甜呢？很简单，忘记就好。生活中确实有很多不能承受之重，此时要学会放下，只要放下了，一切都会变得简单。

3. 缺憾也是一种美，人生没有满分

缺憾，一个十分刺眼、令人很不舒服的词眼，它的出现注定带给人们很多不愉快，所以很多人就像是逃避瘟疫一样逃避它。可是，它却并不管人们怎么想，总是悄无声息地来到我们身边。不过回过头想一想，缺憾固然令人心生失落之感，但它也能让我们感受到更多不一样的美丽，体味到更为丰富的人生内涵。说不定就是这小小的缺憾，才让我们的人生出现了太多的转机。

很多人不停地奔波，不停地努力，不停地经历痛苦和失败，也不在乎身心的疲惫，就只是为了成就自己眼中的那一份完美。但到头来却往往发现，其实自己所要的完美并不美。其实，这世上根本不存在绝对的完美，所以我们也没有必要刻意追求完美。让自己的生命里有一些缺憾，也是很有意义的一件事，不是吗？

缺憾是人生中不可避免的一个环节，不管你愿意与否，它都时时刻刻与我们为伍，与其抗拒它，倒不如接受它。一个没有缺憾的人生是不存在的，同时也是不完整的，有了缺憾，你的人生才显得更加丰满。再说，有了缺憾并不见得是件坏事，相反，有时缺憾还能为我们带来好运。

从前有个国王，他有七个漂亮的公主，她们是他的骄傲和自豪。七个公

主每人都有一头乌黑亮丽的长发，且远近闻名，所以国王送给她们每人100个漂亮的发卡。

有天早上，大公主醒来后和往常一样用发夹整理她的秀发，可是她却发现自己的发卡只剩下99个了。于是她偷偷地来到了二公主的房间里，拿走了一个发卡。二公主醒来后发现少了一个发卡，便如法炮制地来到三公主的房间里，也拿走了一个发卡。就这样，三公主拿走了四公主的一个发卡，四公主拿走了五公主的一个发卡……到最后，只剩下七公主的发卡只有99个。

第二天，邻国英俊潇洒的王子来到了皇宫，他对国王说道："昨天我养的百灵鸟叼回了一个美丽的发夹，我想这应该是公主们的，所以特地赶来归还。请问，是哪位公主丢了发卡？"前六个公主都在心里说："是我丢的，是我丢的。"可是她们的头上却明明完整地别着100个发卡，所以只能在心里生气。这时七公主走出来说："是我的，我掉了一个发卡。"话音刚落，她的头发便因为少了一个发卡而披散开来，垂至腰间，王子不由得看呆了。后来，七公主和王子两个人相互产生了爱慕之心，过上了幸福美满的生活。

如果前面六位公主知道事情的结局是这样的，想必她们应该不会去偷偷地拿别人的发卡吧？为什么一出现缺憾就要想尽方法去弥补呢？这100个发卡，其实就是我们的人生，少了一个发卡，人生中便留下了遗憾，可也正是因为如此，人生才有了无限的转机和可能，这又何尝不是一件好事情呢？

烟花绽放时是美丽的，但同时也是它飘然而逝的时候；流星从天空中划落，这是让人遗憾的，但所有人又都觉得这是美丽的，因为那条美丽的弧线留给了人们无限的遐想、无穷的希望及无尽的留恋。李白的仕途不顺令人遗憾，但若非如此，他如何能写出"安能摧眉折腰事权贵，使我不得开心颜"的大气之作呢？陶渊明遭人排挤令人感到可惜，但如果不是这样，他又怎么能体会到"采菊东篱下，悠然见南山"的境界呢？

中国的"四大美女"拥有"沉鱼落雁、闭月羞花"之貌，令无数后人怀念和憧憬，但她们每个人的下场都不好。西施被沉溺于水中；杨贵妃被唐玄宗赐死;貂婵则沦为王允、董卓等人争权夺利的工具,下落不知所踪;王昭君则远嫁匈奴,最后抑郁而死。不过,也许正是因为这样,后人才会对她们更加缅怀,更加怀念。

为什么初恋总是让人刻骨铭心?为什么得不到的永远是最好的?为什么失去以后才会觉得倍加珍惜?其实,这一切就是因为有了缺憾。此时此刻,缺憾的光芒四射,照亮了每个人的心房。

有一个小木轮,每天生活得很快乐。可是有一天,它突然发现自己的身上少了一块木片,这让它觉得很失落,因为它觉得这是一种缺憾,影响了自己的美观。于是,它决定去寻找一片和自己所丢失的一样的木片。

小木轮开始了长途跋涉,不过由于缺少了一块木片,它的行走速度很慢。还好此时正值春暖花开的季节,一路上到处都是百花盛开的美景,五颜六色的花朵装点着绿色的田野,空中还有很多鸟儿在唱歌,微风轻轻地吹在小木轮的身上。享受着大自然的美丽,小木轮几乎快要忘了自己此次出行的目的。不知过了多久,它终于见着了一块和自己的缺口一样的木片,便高兴地将木片装在自己身上。它想:这下我又可以恢复完美之身了。

然后,小木轮开始往回走。这一次它的速度飞快,不禁很开心,可是没过多久它就觉得无聊了。因为它再也没有时间欣赏沿途的风景,也不能听到小鸟的歌唱,这让它感到十分单调和枯燥。经过再三考虑,小木轮决定将拣到的木片拆下来,再次带着缺憾上路,不久它便把快乐的心情重新找回来了。

因为少了一块木片,使得小木轮可以欣赏到美丽的风景,此时缺憾反倒成为一种"恩赐"。每个人的人生中都有缺憾,高兴的、烦恼的,值得的、不值得的,令人感慨颇多。不少人对待缺憾的态度是:无限惋惜,无限后悔,难以释怀。其实大可不必如此。太阳有升有落,月亮有阴晴圆缺,一年有四季变换,就连茫茫宇宙都不曾拥有过永恒的完美,那我们人类又何必强求人生中不留一丝遗憾呢?

威尔斯坦利是美国一所著名大学的经济学教授。由于他的教学方法独特，教育理念新颖，思维模式超前，因此非常受学生的欢迎。

在威尔斯坦利的学生中，有1000多位都成为了国际国内著名的经济学教授，3000多位成为了世界各界的精英人士，还有三位诺贝尔经济奖的获得者。然而，这些优秀的学生在威尔斯坦利的课程中从来没有得到过100分。更令人感到不解的是，威尔斯坦利教授在近半个世纪的教学生涯中，从来没有给过任何一个学生满分。

在这位著名的教授退休的日子，学校为他举行了专门的欢送大会。在会上，一位学生终于忍不住向威尔斯坦利教授提出了这个问题："威尔斯坦利教授，在您50年的教学生涯中，为什么从来没有给哪个学生打过满分呢？"须发皆白的威尔斯坦利教授微笑着说："这个世界上从来就不存在完美的东西。即使是圣人，也不可能完美无缺。所以，我的学生又怎么会是没有任何缺陷的呢？正是因为这样，我才没有给任何一个人评过满分。"

听了这个解释，这位学生依然一头雾水。威尔斯坦利教授接着给大家讲了这样一个故事：

在我们学校里，曾经有过这样一位老教授，他学识渊博，并且十分疼爱自己的学生。在他几十年的教学生涯中，曾教过许多优秀的学生。这其中有些学生不但才思敏捷，而且做起题来也非常棒，几乎是完美的天才。于是，这位老教授为了激励学生，经常给他们的作业打100分。

本来，老教授认为自己既然给这些优秀的学生打了满分，他们肯定会受到激励，下次会做得更好，会依然获得满分。可结果却让老教授非常失望，这些得过满分的学生，下次考试的成绩却是98分，95分，甚至是更低的分数。到了最后，这些优秀学生的成绩变得越来越差。

到了年终考试的时候，这些最优秀的学生却往往成绩非常差，有的甚至还不及格。

后来，这位老教授终于明白，不管多么优秀的学生，一旦你给了他满分，他就会产生懈怠的心理，从而其学习成绩就会越来越差。因此，在面对满分的考卷时，要千方百计想办法扣他一分。这样，他才会有继续前进的目标和动力。

从那之后，这位老教授再也没有给过任何一位学生满分，而那些优秀学生的学习成绩也终于保持住了。老教授退休时对他的儿子说："千万要记住，人生没有满分！"

幸运的是，他的儿子将这句话记了一辈子。这位老教授就是我的父亲。

威尔斯坦利教授的话音刚落，台下便响起了雷鸣般的掌声。

这个世界上不存在十全十美的东西，任何东西都有它一定的缺陷与不足。人生也是如此，没有一个人的人生是十全十美的，即使再优秀，再成功，也永远不可能是满分。因此，要时刻保持努力，向着自己人生的满分一路前行。

在艺术领域里，评论家们甚至认为："完美的趣味本身就是一种局限，单调的美容易使人淡忘，而一些缺点往往起到震撼心灵的作用，使创作更加生动真实。"就像是断了臂的"维纳斯"一样，留给人们无限的想象空间，几乎所有的艺术家都认为"她"有一种摄人心魄的美。曾经有不少人提出想为维纳斯接上断臂，并想出了很多种方案，但都没有实现。就是因为一旦帮"维纳斯"接上断臂，那么这件惊世之作的价值便会大打折扣。因为"十全"的东西并不一定是"十美"的，正是因为"维纳斯"断了双臂，才出人意料地获得了一种不可思议的抽象的艺术效果，成为"缺憾美"的代言词。倘若"她"一开始便是完整的，那么便不会再有今天如此神秘的诱惑力了。

谁不想将事情做到最好，谁不想成为最优秀的那个人，但究竟什么才是完美？如何做才是完美呢？并没有人给这些问题一个标准的答案。你觉得完美了，他人并不一定觉得完美；而你觉得还有缺憾，在他人眼里却未必不是完美。把缺憾看成是另一种美又如何？请坚信，缺憾的美也是一种美。就像是一杯清茶，入口时虽然苦涩，但细细品尝却让人回味无穷。

4. 维护健康，健康是行动的保证

维护自身的健康是一种责任。有了健康的身心，才有了在事业上打拼的本钱，才能无后顾之忧地向成功之路迈进。

根据统计，一个人的收入每增加一倍，他每天就平均比一般人少睡20分钟。这主要来自于他渴望成功的动机和较强的自律精神。

美国哈佛公共卫生学院的库波赞斯基教授指出："良好的健康，并不是仅仅指避免死亡而已。许多和压力有关的疾病，并不一定会致人于死，例如关节炎、哮喘、结肠炎、糖尿病、湿疹、偏头痛，等等。其中一些疾病，是由身心问题引起的，这就是说，心理上的失常，会在生理上表现出来。除了生理疾病以外，还要能免于控制情绪和精神痛苦，才算是良好的健康状态。情绪方面的疾病像焦虑、恐惧、惊惶、生气、怨恨、厌恶、罪恶感、无助感、不适宜的感觉，都跟任何生理疾病一样具有杀伤力。精神疾病则是另一种骚乱的原因，这些疾病的种类有高血压、精神官能症、癫狂忧郁症、恐惧症、歇斯底里症等。"他还认为，健康管理是自我发展中很重要的一环。做生意的时候，若是你在应酬时吃得太多，或者把负面情绪累积在心中，不愿示弱，其实这样对你自己没有一点好处，而且无论对其他人，还是对你的生意都不好。

这些坏习惯通常很难戒除，那么我们该怎么办呢？

(1)认清自己有哪些不良习惯。

首先要知道，自己所处的到底是怎样的位置。我们都有个"自我保护"的习惯，那就是不愿面对令人不愉快的事实。那些过去的行动、思想或见到的事，若是会令我们不安，我们就会设法忘掉它们。我们对坏习惯的态度也是一样。

实际上，单单要让自己明白并接受自己的坏习惯所引发的事实，就不是件简单的事，会让你觉得十分痛苦。要认清事实真相，就要和"自我保护"

的反应抗争，否则那反应会遮蔽一切事实。比方明知抽烟有碍身体健康，却用"自我保护"的方式告诉自己："但它可以镇定我的不安！"所以，若想革除有害的习惯，以健康的习惯来代替，关键就在于认清事实。

压力和坏习惯会造成健康问题，有时候我们会这样想，压力造成的疾病，是经理或主管才有的问题。其实完全不是这么回事，工人、店员、技术员、专业人员都和经理一样会有压力。不良的工作环境、单调的工作、负担过重、艰难的目标、高标准的要求、严密的监督，以及工作组织中其他许多层面都可能给你造成压力。经理还是比较幸运的，就工作方面来说，有比较多的选择，而且比较能掌握得住。当然，具有压力的环境，也会让人愿意主动冒险，我们通常都是靠着这样的机会来发挥自己的潜力的。

(2)相信你能控制自己的健康。

有些人不承认自己会生病，这样的人通常对自己的健康无能为力，这是种很常见的宿命论——"如果我注定要完蛋，再怎么担心也没有用"。在自我管理的哲学中，可千万不能有这样的想法。这样的想法是很愚蠢的，因为虽然我们改变不了天生的资质，阻挡不了"上帝的旨意"，但我们的生活方式和所做的事情都会影响到我们的健康，我们能控制的部分其实很多。

(3)维持心理健康。

维持心理健康也是相当重要的一环，为了有一个健康的心理，必须使正面和负面的情绪保持平衡。我们必须知道自己的感觉，但是也不要受到感觉的压制，不要被强烈情绪所主宰。无法自制的人往往会因此而言行失常。害怕受到负面情绪的冲击、没办法应付负面情绪，这两种情形往往会令我们否认或压抑自己的负面情绪，这是很不健康的。受到压抑的负面情绪，最后免不了会以不健康的方式发泄出来，也许是发脾气，也许是内心积郁成疾，也就是忧郁症、狂躁症等这一类的精神疾病。

(4)注意日常生活中的运动。

锻炼身体，一定要到运动场或健身房才能吗？不见得。只要你在日常生活中时时注意锻炼自己的身体，也能收到很好的效果。

比如早晨一醒来，你可以先揉揉眼、搓搓脸，这是一种很好的面部保健按摩。然后向上伸直双臂，躺在床上伸个懒腰，把腰部向上挺一挺，活动活动腰部。如果你能趴着，用手扶住床，用力拱拱腰，使胳膊、腰、腿的关节尽量伸展一下更好，它能活动筋骨，使你感到轻快、舒适。

上班时，如果公司离家不算太远，最好步行去，远点就骑自行车。如果办公室是在大楼里，且不是很高的话，可以步行上去，因为爬楼梯也是一项很好的运动，对肌肉、关节和心肺功能都有较强的锻炼作用。

据研究，站一小时比坐一小时多消耗50卡热量。每工作两小时，要到室外散散步或做做体操，不要躺在沙发上休息。若是趁工作告一段落就躺下来休息，不仅不会帮你恢复精力，还会使你的体力因突然的休息而丧失。

晚饭后，不要急于工作和学习，要放松一下。睡觉前，用热水洗洗脚或洗洗澡。

5. 感谢磨难，因为它让我们更强大

你在遭受工作的折磨吗？
你在遭受失恋的折磨吗？
你在遭受病痛的折磨吗？
……

无论我们正在经受什么样的磨难，都应该对折磨我们的那些事儿抱持一种感谢的态度，因为那是命运给了我们一次战胜自我、升华自我的机会。

"滴水之恩，涌泉相报"，这是人之常情，然而却很少听说要感谢那些折磨自己事儿的话。但，我们要清楚，折磨你的事儿不一定都是坏事，它也许会让你从中学会面对伤害，重新认识挫折，不停寻找出路，突然发现一个全新的自己。

想获得一个不一样的人生，我们就要认清那些折磨过自己的人和事儿。当我们的心化浮躁为平静后，就会认识到，生命中的每件事、每个人，都

会给我们一个获得能量、升华自己、向更高更远处前进的机会。

著名作家罗曼·罗兰说："只有把抱怨别人和环境的心情化为上进的力量，才是成功的保证。"我们每一个人也只有学会感谢那些曾经折磨过自己的人或事，才能看见自己心中的远阔，才能重新认识自己。

每一个人都拥有一个未知的人生，很多事情都是难以预料的。人生在世，免不了要遭受苦难，如不可抗拒的天灾人祸，遭遇乱世或灾荒，患上危及生命的重病，失去朋友、亲人，还有那些发生在生活中的重大挫折，如失恋、婚姻破裂、事业失败等。

人的一生总要经受很多折磨，承受各种苦难。有些人在面对种种折磨时，听天由命，最后平庸地度过一辈子；有些人超越了这一切，最终拥有幸福快乐的一生。

获得不一样的人生并不难，只需要我们换个角度看世界，不用消极的态度看待那些曾经折磨过自己的事儿。这样，折磨过我们的那些事儿，就会变成一种促进我们成长的积极因素。

生命是一次次蜕变的过程，唯有经历了各种各样的磨难，才能增加你生命的厚度。一个学会了感谢磨难的人，终将发现一个"心想事成"的自己。也许在别人眼中，苦难、挫折和失败如洪水猛兽，但在"感谢磨难"者的眼中，那些"洪水猛兽"却自有美好之处，也正是经历了这些，他们的人生才变得与众不同。

在这个世界上，只有一件事比遭遇磨难还要糟糕，那就是从来不曾被人折磨过。因为，当一个人受尽折磨时，他的潜能才会被激发出来，而且，唯有此时，他才能越挫越勇，逼迫自己去突破现状。

然而，现实却是，很多人从来不懂得感谢生命中的那些磨难，他们总是为自己寻找各种理由和借口，稍有困难和危险，他们马上就会退缩，或绕开这些，朝另一条道走去。

在一个黑漆漆的屋子里，教授带着10位学生过一座独木桥。教授告诉他们，你们什么都不用想，只要跟着我走就行了。这10位学生跟在教授后面,如履平地似的,稳稳当当地走过了独木桥。

然后,教授将屋里的灯一盏盏全部打开,众人定睛一看,吓得面如土色。原来桥下水池中十几条鳄鱼正来回游着。这时,教授一个人不慌不忙地走到桥的另一端,对对面的学生说:"不要担心,我们已经做好了相应保护措施,很安全。你们再走过来试试?"

众人皆摇头,没有一个人愿意再过去了。

一位学生问:"如果我们掉在桥下的网上,把网砸破了怎么办?"

"桥与水池中间的那个铁丝网很结实,即使你们落在上面也不会发生任何意外。"

又有学生问:"如果鳄鱼跃出水面,将网撕破,我们不就危险了吗?"

"这个你们放心,我们已经做过多次实验,鳄鱼是够不到那张网的。"教授又解释。

学生们你一个问题,我一个问题,教授都一一解决。当学生们所担心的所有不确定因素都被教授解答完,并确保他们的人身安全以后,大家还是顾虑重重,没有人愿冒这个险。

这只是一次实验,对那群学生,我们也不必苛责。然而通过这个实验,我们却可以看清一些人遇到问题时的表现。生活中,很多事情是我们无法逃避的,有些问题和经历我们无法躲避,必须去面对。

当经历过那些生命中的挫折和磨难时,我们又该如何看待呢?心态决定命运,同样也决定如何看待那些折磨过我们的事儿。因为人是各种观念的集合体,有什么样的观念,就会得到什么样的人生模式。

没有人能赢得全世界的喜爱,你当然会有敌人,总会有人表现出对你的不满,和你暗暗较劲,甚至背后中伤你。然而,也正是有这样的人存在,才让你不得不警惕,使你躲过了人生中一个又一个的陷阱,并不断地增长智慧和才干。你应该为自己能拥有一个强大的敌人而骄傲,你的敌人越强,说明你也在越来越强大。

"优胜劣汰"是谁也无法逃避的自然法则,这个法则公正而又残酷。不可否认的是，这其中总会有很多人被自己的对手打败，甚至葬送了前途。正是为了避免这种可悲的结局，我们才更应该努力强化自己，勇于竞争，这样才能战胜敌人、超越对手。

有人曾这样说过，懂你的敌人可能正是你最好的老师，你可以讨厌他，但必须向他学习。

有时候，仇敌会对你更好些，朋友反倒对你更坏些。从来，只有在和别人的角逐和较量中，我们才会收起所有的懒散和借口，全力以赴地对待别人的挑衅，从而表现出超常的毅力和智慧，甚至达到自己都难以相信的境界。这些都离不开对手的存在，是我们的敌人让我们发挥出无限的潜能来。

敌人并不可怕，没有敌人才更可怕。因为，朋友往往会出于善意的保护，为你编织了一个又一个的美丽谎言，让你躺在自己的缺点上沾沾自喜，意识不到自己身上存在的缺点和问题。而只有敌人才能激发出你最大的潜能，让你投入全部的精力去跟他一争高低，也许，正是敌人的存在才让你变得优秀起来。

看看你身边的敌人，往往从他们的身上，你才能真切感受到自己的水平，认识到自己的缺点和不足。

动物学家对生活在奥兰治河两岸的羚羊产生了浓厚兴趣，他们通过大量的研究发现，尽管河两岸羚羊的生存环境和食物储量都是一样的，但东岸羚羊的繁殖能力远远强于西岸的，不仅如此，东岸羚羊的奔跑速度比西岸羚羊每分钟要快13米。

为了解释这一现象的原因，动物学家继续深入研究。结果发现，原来东岸羚羊的附近生活着一个狼群，羚羊为了不被狼吃掉，每天都要全力奔跑逃命，而西岸的羚羊则不存在狼群的威胁，过着悠游自在的日子。

动物学家随机把两岸的羚羊对换，结果放在东岸的西岸羚羊大多数被狼吃掉了，而放在西岸的东岸羚羊非但没有死掉，反而更加繁殖壮大。

生活在挪威的渔民为了赚个好价钱，常常费尽周折从深海里捕捞出沙丁鱼，可往往还没等把沙丁鱼运送回海岸，它们就已经口吐白沫，奄奄一息了。要知道，死了的沙丁鱼是不值钱的。为此，渔民们想了很多的办法，但都没有成功。

然而，有一条渔船却总能带回活的沙丁鱼上岸，船主为此卖出的价钱要比别人高出几倍。人们百思不得其解，不明白船主究竟用了怎样的方法。

后来，船主慷慨地告诉了人们其中的奥秘。原来，方法很简单，他在沙丁鱼槽里放进了鲇鱼。鲇鱼是沙丁鱼的天敌，当鱼槽里同时放有沙丁鱼和鲇鱼时，鲇鱼出于天性就会不断地追逐沙丁鱼。在鲇鱼的追逐下，沙丁鱼拼命游动，激发了内部的活力，从而才活了下来。

适应天敌，战胜天敌，才能让你不断挑战新的自我，才能让你不断地进步。这个道理适用于所有的生物链，号称高等动物的人类也不例外。翻开历史的长卷细细体味，你将会发现，其实大部分人的聪明才智、光辉成就，乃至不朽英明，都离不开对手的打击和压迫。

你所面对的敌人越强大，你源于内心的压力就会越大，这样你的成长才会越迅速。

假如把人生比作是风云变幻的大海，那么我们每一个人都是行驶在海面上的航船，从起点到终点，我们按照各自不同的航线在前进，并没有一条固定的路线供我们选择。我们必须承受的来自敌人的种种磨难，就如同是我们承载的货物一样，这些"货物"虽然在一定程度上增加了船身的负荷，但同时也增强了船只抵御惊涛骇浪的能力。

6. 感恩生命，任何时候都是最好的

在一次电视节目中，主持人问了在场所有观众一个问题："大家觉得，在一个人的生命中，哪个年龄段是最好的呢？"

台下观众大声喊着自己认为最好的年龄段，但七嘴八舌，总是达不成一致意见。

于是，主持人请上来几位观众作为代表，让他们来回答这个问题。

一位七八岁的小女孩说："我认为人生最好的年龄段是'两三个月大'的时候，这个时候，走路会被爸爸妈妈抱着，吃饭会有爷爷奶奶帮忙，就连上厕所都不用自己动手。这个年龄段什么都不用干。所以我认为一个人'两三个月大时'才是人生最好的年龄段，因为你能在这个年龄段得到更多的爱与照顾。"

一位十来岁的小男孩说："我认为是3岁时。因为这个年龄段不用去上学，可以自己跑着玩儿，可以向父母撒娇，还可以要求他们为自己买许多好吃的。这个年龄段是无忧无虑的，我觉得这是人生最好的年龄段。"

一位上初中的少年回答："18岁，因为18岁就是成年人了。一个人一旦到了18岁，就可以自己做决定了。可以一个人开车外出，可以向心爱的女生表白，可以独立的生活了。"

一位四十多岁的中年男人回答："我认为是25岁。我记得25岁时是我人生精力和体力最充沛的时期。那个时候，我经常工作一夜，第二天照样上班都没有任何问题。随着年龄的增长，我的身体也一天不如一天了，精力也越来越差。现在，我45岁了，经常吃完晚饭就开始犯困了。所以，我真的特别怀念自己25岁时。我想其他人也一样，都会感觉25岁才是人生最好的年龄段。"

一位5岁的小女孩回答："我认为人生中最好的年龄段是在30岁。因为30岁的人可以整天待在家里不去工作，可以和一帮人打麻将，可以和一帮人去逛街，可以天天睡到中午才起床。"有人问这位小女孩的妈妈多大了，小女孩天真地回答："我妈妈30岁了。她现在就像我刚才说的那样，多么逍遥自在啊！"

一位女士回答："45岁，因为这个时候大多数人的孩子都已经长大，自身的压力就会变得小一些。这个时候可以好好替自己考虑一下了。所以，我认为这个年龄段是最好的，虽然我知道很多人未必会赞同我的观点。"

一位55岁的男士回答："我认为40岁时是最好的年龄段。因为这个年龄段的人大多事业有成，家中老人身体健康，孩子聪明伶俐。自己也通过努力有了一定的社会地位，至少有了些积蓄。一家三代在一起，感觉非常的幸福。"

最后回答的是一位76岁的老人，她笑着说："我觉得不同的人在不同的年龄段会有不同的回答。他们总是在羡慕某个年龄段，羡慕某个年龄段的生活。其实，你现在的年龄就是最好的。要学会享受现在。所谓的享受生活就是能享受现在。千万不要光顾了羡慕别人，羡慕未来，羡慕过去，忽略了享受现在。因此，我认为任何一个年龄都是最好的。"

话音刚落，台下响起了一阵热烈的掌声。

每个人都在幻想着最美的年龄，却很少有人想到享受现在的年龄。其实生命就是这样，在你羡慕和叹息着美好的事物时，却忽略了自己身上悄然而至的美丽。因此，要懂得享受现在。请记住：每个年龄段都是最好的！

7. 坚持善良，让生命散发瑰丽的光芒

善良是人生的灯塔，它不仅照亮了我们前行的方向，也给人们、给世界带来了光亮。只有经历过善良的人，才能悟透"善良"的含义。

我们苦苦地追逐财富，却不知道"善良"才是这个世间最为珍贵的宝物，是一笔无价的财富，也只有"善良"才是我们心灵真正的归宿。善良，在我们每个人的内心深处，即便是罪孽深重者，穿过灵魂的缝隙，也总能寻到一丝善的光芒。当我们自以为失败，甚至一无所有时，至少还有时间和未来；当我们自以为贫穷，甚至一文不值时，至少还有微笑和善良。善良是广阔无垠、包容一切的胸怀；善良是没有得失的计较、没有对错的分辨、没有好坏的执着的一种大气；善良是一种看不见、摸不着的美丽；善良是一种至尊、高贵的气质。生命会因为你的善良而闪烁瑰丽的光芒。

一名劫匪头戴蜘蛛人面罩，冲进捷克北部城镇捷克捷欣的一家商店，拔枪向店员要钱。59岁的店员马尔凯塔·瓦霍娃既没有奋起反抗，也没有给劫匪拿钱，而是不慌不忙地递给劫匪一杯茶和一块蛋糕。

奇迹因此发生了，劫匪放下了敌意，和瓦霍娃聊了起来。他们谈得很放松，也很和谐。

"我问他为什么干这个，我们就聊了起来。当时店里没有其他人，因此我猜他放松了一点。"瓦霍娃说。

瓦霍娃还对劫匪说，如果他愿意，可以跟她讲讲他的故事，还可以喝茶、吃蛋糕。劫匪居然同意了，最后离开前还没忘记道歉和道谢。

瓦霍娃利用一杯茶和一块蛋糕，就这样不动声色地化险为夷。虽然劫匪曾拿枪指着她，但瓦霍娃仍愿意相信"他是个挺好的年轻人"——正是这种善意的想法拯救了瓦霍娃自己。

我国南方某市曾发生过这样一个真实的故事：两名毫无经验的绑匪绑架了一个6岁的孩子。在等待赎金的过程中，两名绑匪身无分文。其中一人出去借了20块钱，买回来两份盒饭，一份给了那个孩子，另一份两个绑匪分而食之。获救后，孩子对警察说："警察叔叔，放了这两个叔叔吧，他们不是坏人，他们实在太穷了。"

两个"毫无经验"的绑匪，绑架失败，却获得了被绑架者——一个6岁孩子的宽恕。这一切只源于他们一个小小的善举——他们把用借来的钱买来的一份盒饭给了那个孩子，而他们两个成年人却分食着另一份盒饭。

这听起来多少有些让人难以置信。可在一个6岁孩子的眼里，这种善意留给他的印象比绑架带给他的恐惧感要强烈得多、深刻得多。这就是善意的力量。

黎巴嫩南部城市苏尔有家很普通的理发店，店主叫法里斯。一天，店里来了个衣衫褴褛、蓬头垢面的人。法里斯热情地招呼他坐下，并认真地给他剪起了头发。那人说他叫萨米，在附近的建筑工地打工。理完发的萨米精神多了，俨然跟换了个人似的。

该付钱了，萨米却说他根本没钱，身上只有一张前几天买的彩票。萨米说如果他中奖了，愿意把奖金的一半送给法里斯。法里斯笑了，他知道萨米中奖的概率微乎其微，但他还是欣然答应了。

谁也不会想到，奇迹竟然真的发生了。几天后，萨米拿着7.5万美元来补交理发费。他那张彩票竟然真的中了奖，奖金高达15万美元。

有位印度人曾经说过这样的话："如果某个人在路上发现有人中了箭，他不会关心箭从哪个方向飞来，也不会关心箭杆用什么木头做成，箭头又是什么金属，更不会在意中箭的人属于什么阶级。他不会过问这么多，只会努力去拔出那人身上的箭。"这就是善意，是人最本能、最原始的能力。正是这种善意，使人类得以一代代地传承。

清嘉庆年间，有一个叫乔任齐的人，因孝顺父母而闻名。据说，一个老头看到乔任齐，没说几句话，就无可救药地喜欢上了他，当下就把女儿许配给了他。

这件事有点夸张，但更特别的事还在后边。

一个曾跟他一起做过买卖的朋友，活得有点落魄，实在混不下去了，便跑到他这里来，希望能得到救济。乔任齐二话没说，便拿出钱来资助他。

然而，那朋友走的时候，有人从他的行囊里搜出了店里的东西。大家都很气愤，把这件事告诉了乔任齐。哪知，乔任齐却赶紧让人把搜出来的东西放回到朋友的行囊里，而且还特别叮嘱大家不要说破这件事。后来，朋友再来，乔任齐待他还像原来一样。

店里的伙计觉得乔任齐太善良了。乔任齐笑笑，说："有两个人的故事，我一直忘不了，也讲给你们听听。"

"一个人姓吴，徽州人，在富阳一带做买卖。每年的年末，到了晚上，夜深人静时，他都要怀揣好多金子，奔走在里巷之中。只要碰到穷人家，他就会把金子放在这家人的院里，而且做得悄无声息。也因此，好多穷人家的年过得有滋有味，却没有一家知道这钱是谁给他们的。

"另一个人姓焦，江宁人。有一次，他带300金来富阳做买卖，正赶上江水泛滥，好多人家都被水淹了。他急了，拿出300金来，说，谁能拯救落入江水中的人，救起一个，就给一金。此语一出，会水的人纷纷下去救人。他没有食言，好多落难的人都被救了回来。不仅如此，他还出钱为那些受灾的人买吃的喝的，水患过去之后，还给他们盘缠，送他们上路。那一次富阳之行，他买卖没做成，却把300金花得一干二净。然而，自始至终，姓焦的商人没有说过一句可惜的话。"

在人性的美面前，有三种人：一种是麻木冷漠的人；一种是相形之下，意识到自身卑琐的人；而另一种人，却用温暖点燃了他人的温暖，用善良喂养了自我的善良。

所以，无论经历怎样的坎坷，怎样的磨难，都要坚定地守候心底里"善良"这块宝贵的沃土。只有这样，我们才不会在纷繁的世事、喧嚣的繁华中迷失生命的方向；我们的内心世界才会有阳光的灿烂、百花的芬芳；我们生命的旅途中才会轻歌曼舞、笑声飞扬；我们才能抵挡住人生道路中所有的风雪雨霜。

古人有云："心净生智能，行善生福气。"心就像一粒种子，生长在天地之间，喜怒哀乐的情感造就了善恶之心。有一颗充满善意的心，你的行为和语言就会大不一样。心怀善意的人，人生的路必将越走越宽。

8. 不以物喜，不以己悲

有个小和尚从小生活在寺院里，突然有一天，他向方丈提出要还俗。

方丈问他："你为什么要还俗？"

小和尚："我觉得当和尚一天到晚都念经，还有那么多的清规戒律，跟蹲监狱没什么区别，一点乐趣也没有，哪有红尘生活来得快活。"

方丈："你只看到红尘生活的美好，却没看到芸芸众生的痛苦；你总觉得自己的生活乏味，却没想过自己适合什么样的生活。我给你讲个故事吧：

'从前有两只老鼠，一只住在城里，一只住在乡下，它们是好朋友。有一天，乡下老鼠写了一封信给城里老鼠：城里老鼠兄，有空请到我家来玩。在这里，可享受乡间的美景和新鲜的空气，过着悠闲的生活，不知意下如何？

'城里老鼠接到信后，高兴得不得了，立刻动身前往乡下。到了乡下，乡下老鼠拿出很多大麦和小麦放在城里老鼠面前。城里老鼠不以为然地说："你怎么能够老是过这种清贫的生活呢？住在这里，除了不缺食物，什么也没有，多么乏味呀！还是到我家玩吧，我会好好招待你的。"

'于是乡下老鼠就跟着城里老鼠进了城。

'看到城里老鼠豪华干净的房子，乡下老鼠非常羡慕，再想到自己在乡下从早到晚都在农田上奔跑，以大麦和小麦为食物，冬天还得在雪地上啃草根，和城里老鼠比起来，自己实在是太不幸了。

'聊了一会儿，它们就爬到餐桌上，开始享受美味的食物。突然，砰的一声，门开了，有人走了进来。它们吓了一跳，飞也似的逃进墙角的洞里。

'乡下老鼠吓得忘了饥饿，定下神来，它对城里老鼠说："我想我还是比较适合乡下平静的生活。这里虽然有豪华的房子和美味的食物，但每天都紧张兮兮的，倒不如回乡下吃麦子来得快活。"说罢，乡下老鼠就离开城市回到乡下去了。'"

最后，方丈说："城里老鼠和乡下老鼠有着不同的生活方式，即使它们都曾经对对方的生活有过好奇，有过羡慕，但是它们最终还是回到了自己的生活里。所以，我希望你也想清楚，你从小就生活在寺院里，已经习惯了这里的清静。还俗以后，你能否忍受红尘中的是是非非？能否应对远离佛祖的孤单？"

小和尚听后，决定继续留在寺院里。

小和尚还俗未必就是坏事，但他摇摆不定，不知道还俗之后不适应怎么办，表现了性格中的不确定性。每一种生活里都有它的苦与乐，每一个人都有适合他的生活方式，如果不考虑自身条件就贸然地换环境，那就难免会像乡下老鼠进城一样无所适从。如果最后还是不免像乡下老鼠一样回归原来的位置，损失的又岂止是时间？这种摇摆心态在现代职场中的危害很大，千万不要总是这山望着那山高，因为那山之后还有一山，一山又一山地漫游下去，你最终会迷失方向。找到适合自身的发力点，然后"咬定青山不放松"，假以时日，你必会有所成就。

富贵和贫穷其实不仅仅体现在物质上，有时候精神上的富贵和贫穷才是一个人快乐与否的根源。总有很多人看到别人开着豪车，住着别墅，山珍海味应有尽有，于是他们就幻想着有朝一日自己也能过上那种生活，那样自己就会很快乐，没有烦恼了。其实，这是一种错误的认知。就算让一个贫穷的人去过富人的生活，他也不会安心，因为他的生活方式完全不适应那样的一个环境。每个人都有他不同的生活方式，如果贸然去打乱他原来的生活方式，苦的只有他自己，即使拥有再多的财富，他也不会快乐。

每个人都应该按照自己的生活方式去生活，不要盲目羡慕别人。每一件事情的背后都有其利弊，有时候我们只看到了好的一面，而没有看清其后面隐藏的陷阱。如果你想过得快乐，想拥有一个不平凡的人生，就要坚定自己的理想，朝着那个方向，一步一个脚印地走下去，纵使遇到再大的困难也不退缩。这样的人难道会平淡一生吗？不会的，只要一个人能够踏踏实实地做事，他肯定会有所成就。

要想成功，必须调整好自己的心态，不能因为外界的诱惑而改变自己的想法或是原则。摇摆不定的人总是会以各种理由去逃避问题，每当遇到困难，他们就会动摇自己当初的目标，这样的人终将一事无成。所以，我们要想让自己的生活变得富裕，自己变得快乐，首先要让自己的心态成熟起来，要确定自己的目标，朝着自己设定的方向"风雨无阻"。只要拥有一颗坚定的心，还有一双勤劳的手，成功就不会远走。也许有一天，别人也会幻想有你这样的人生。

9. 泥泞的路上才有脚印，雨后的天空才有彩虹

善静和尚二十七岁时弃官出家，投奔至乐普山元安禅师门下，元安令他管理寺院的菜园。

有一天，一个僧人认为自己已经修业成功，可以下山云游了，就到元安那里辞行。

元安决心考他一考，便笑着对他说："四面都是山，你往何处去？"

僧人猜不透其中的禅理，无言以对，只好愁眉苦脸地往回走。路上经过寺院的菜园子，被正在锄草的善静发现，善静就问这位僧人："师兄为何苦恼？"

僧人就把事情的来龙去脉一五一十地告诉了善静。善静略一思忖，便想到元安禅师所说的"四面都是山"就是暗指"重重困难"、"层层障碍"，实际上是想考考这位师兄的信念和决心，可惜他却没参透师傅的心意。于是，善静就笑着对僧人说："竹密岂妨流水过，山高怎阻野云飞。"暗示僧人只要有决心，有毅力，任何高山都无法阻挡。

僧人如获至宝，再次向元安辞行，并说："竹密岂妨流水过，山高怎阻野云飞。"他满以为师傅这次肯定会夸奖他，准他下山。谁知元安听后先是一怔，继而眉头一皱，眼睛盯着僧人，肯定地说道："这不是你的答案。是谁帮助你的？"

僧人无奈，只好说是善静说的。

元安对那个僧人说："善静将来一定会有一番作为！多学着点儿吧，他都没有提出下山，你还要下山吗？"

世上没有不可逾越的障碍，关键在于你自身有没有战胜困难的勇气和毅力。只要肯用心思考，办法总比问题多。只要下定决心，一切困难都能迎

刃而解。

世上无难事，只怕有心人。"没有比脚更长的路，没有比人更高的山"，明白了这一点，再大的困难在你面前都算不上困难；做到了这一点，困难也会为你感动，天地万物都会助你一臂之力。

在生活中，每个人都会遇到各种各样的困难，谁也不可能一帆风顺地走完一生。人，只要活着，就会遭遇挫折。遇到这些困难时，我们该怎么做呢？好多人选择了逃避，因为他们怕困难把自己打倒，所以不肯去面对。但是想想看，即使逃避，困难就能自动化解吗？当然是不可能的。逃避只能等着失败来找上自己，坚强地去面对困难或许还可能挽回局面。

困难随时随地都能找到我们，谁也不可能免得了困难的骚扰。但是，很多人不明白，为什么有的人好像一辈子都没有遇到过苦难，这是为什么？其实，不是他们没有遇到过困难，而是他们总有一颗和困难抗衡的心，心越是坚强，困难也越容易对付，所以他们总是能开开心心地过好每一天，在他们身上看不到烦恼的影子。那些有成就的人，他们一生中遇到的困难更多，这也锻炼了他们一颗坚强的心。所以，他们才能在激烈的社会竞争中争得一席之地，才能成就一番事业。

一个小和尚总觉得方丈对自己不公，因为方丈一连让他做了三年谁也不愿意做的行脚僧。

一天清晨，小和尚听着外面滴答滴答的雨声，心说今天总算可以休息一天了。谁知方丈照常敲开他的房门，严厉地问他："你今天不外出化缘？"

小和尚不敢说是因为外面下雨，便和方丈打起了禅机。他故意走到床前一大堆破破烂烂的鞋子前面，左挑一双不好，右挑一双也不好。

方丈一看就明白了，说："你是不是觉得我对你严厉了点？别人一年都穿不破一双鞋，你却穿烂了这么多的鞋子。而且今天还下着雨……"

小和尚点点头。

方丈说："那你今天就不用出去了，一会儿雨停了，随我到寺前的路上走走吧。"

说来也奇怪，不一会儿，雨真的停了。

寺前是一座黄土坡，由于刚下过雨，路面泥泞不堪。

方丈拍着小和尚的肩膀，说："你是愿意做一天和尚撞一天钟，还是想做一个能光大佛法的名僧？"

小和尚说："当然想做名僧。"

方丈捻须一笑，接着问："你昨天是否在这条路上走过？"

小和尚："当然。"

方丈："你能找到自己的脚印吗？"

小和尚不解："我每天走的路面都是又干又硬的，哪里能找到自己的脚印？"

方丈笑笑，说："今天你再在这条路上走一趟，看看能不能找到自己的脚印？"

小和尚说："当然能了。"

方丈又笑了，不再说话，只是看着小和尚。小和尚愣了一下，随即明白了方丈的苦心。

泥泞的路上才有脚印，雨后的天空才有彩虹。痛苦是最好的老师，成长路上的每次磨难，不仅是对一个人最好的考验，也是一种潜在的馈赠。因为刀靠石磨，人靠事磨，唯有滚水才能唤起茶叶的香，唯有磨砺才能将璞石打磨成宝玉。"没有人能随随便便成功"，现实就是这么残酷，成功不会因为你已经付出许多而青睐你，它只会迎接那些在泥泞的道路上走出来的人。

磨难是一个人成长的标志，只有经过历练的人才可以在纷杂的社会里站住脚。每个人的一生之中都会遇到很多磨难，只有把磨难当作一种考验，才可以让自己越来越坚强，从而活出自己的精彩。痛苦能让一颗脆弱的心变得坚强，能让一个弱不禁风的身体变得强壮。只有经历过痛苦和磨难的人生，才是真正的人生。

总有很多人想逃避磨难，他们以为没有磨难的人生才是一个快乐的人生，才能享受到生活的乐趣。其实不然，恰恰相反，只有经过痛苦和磨难的人才知道什么是真正的快乐。没有苦怎么会尝到甜的滋味,没有烦恼怎么会体会到快乐的生活,没有压力怎么会明白什么是追求,那么,什么是理想呢？现实给予了每个人享受快乐的机会,但是也同时给予了你承受痛苦的能力,如果你不去承受这种痛苦,你就不会明白什么才是真正的生活。

成功不是随随便便一句话就可以达到的，它是要经过磨难来考验的。如果一个人没有承受痛苦和磨难的能力,他又如何能掌控成功呢。在人生的路上行走,只有阴雨天才可以看到自己的脚印。只经历过风雨打击后的人生,才是有意义的人生;否则,即使你得到成功,也不知道该如何去享受它。

这个世界上,没有什么困难是解决不了的,只要我们敢于和困难作斗争。但很多人都不具备这样的决心或勇气,所以每当遇到困难时,他们总是显得没有底气。越是害怕,越是打败不了困难,他们就越会忧心忡忡,也就失去了快乐。挫折只是为那些懦弱的人设置的,因为对坚强的人来说,困难和挫折都算不了什么，他们只把这些困难和挫折当作是一种成长的历练,并从中获取经验和教训,为自己的人生打下基础。

山峰再高总有登上去的时候,河水再宽也有跨过去的时候,只要你有一颗坚强的、持之以恒的心。做一个强人,你的生活也将没有困难可言。

249

10. 活出真正的自己,把眼前的事情做好

唐末五代时的著名禅僧文偃是云门一派的创始人，他的禅教颇具特色,后世称"云门家风"。

有一次,有个学僧问他:"师傅,佛经上讲佛陀刚出生时就向四面八方各走了七步,步步生莲,然后一手指天,一手指地,说:'天上天下,唯我独尊。'这句话是什么意思？"

云门文偃答道:"可惜我当时不在场,我要在场的话,一棍子打死他喂

狗,图个天下太平。"

学僧听了,丈二和尚摸不着头脑,又请教另一位禅师:"师傅怎么能讲这种话呢? 是不是有罪啊?"那位禅师答道:"云门讲这话功德无量,报了佛的大恩。功德都说不完,哪里还会有罪?"学僧如坠五里雾中,不明所以。

这段公案流传到了宋代,又有学僧就这个典故请教被誉为"宋僧之冠"的惠洪。惠洪说:"如果我当时在场,连云门也一棒子打死了喂狗去。"

云门文偃要打死的当然不是佛祖,而是那些编造神话、骗人蒙人的歪嘴和尚,同时打醒那些"见庙就烧香,见佛就磕头",却连最基本的佛学知识都不懂的迷信之徒。佛祖和我们一样都是人,有父亲,有母亲,出家前还有妻子和儿子,怎么可能一生下来就能走路,能说话? 佛祖以及历代高僧的觉悟、成就及造诣,完全归功于他们的才智和努力。没有人能随随便便成功,当然也没有人可以生而为佛。

而惠洪之所以说要把云门文偃也打死喂狗,则是为了破除那个学僧盲目崇拜权威偶像的心理。比如现在很多人都很崇拜南怀瑾,如果惠洪还在,他可能会说:"我把南怀瑾打死喂狗,看你们还崇拜什么。"此处自然没有侮辱大师的意思,只是我们的当务之急不是看大师们怎样怎样,而是应正视自我,积极进取,及早做自己的"大师"。

"勇敢地做自己"是生活的真谛。不能活出自我的人生注定是一个失败的人生。在这个世界上,没有哪一个人能轻松地获得成功。所以成功必须要有条件,而条件之一就是要让自己的心声表露出来,不要去盲目崇拜别人,听从别人的话。盲目的崇拜终究会害了自己。有时候真理往往掌握在你自己手中,只有你自己亲身去体会,才有可能得到最真实的答案。别人说的永远都可能存在着谬误,唯有自己才会对自己负责任。所以,勇敢地做自己,让自己成为自己崇拜的对象或"大师"。

正确地认识自己是一个成功人士必须掌握的要素。如果一个人,不能正视自己,不善于发现自己的长处,那么他的一生都是在浪费时间,因为他的价值永远被埋藏在心底展示不出来。唯有那些敢于挑战自己的人,才有可能获得成功，因为他们知道自己想要什么，该往哪个方向走。只要明确了方向，即使途中遭遇挫折，终究还是会到达终点的。

这个社会，人情关系冷漠，每一个人的话语中都有可能掺杂着其他的利益诱惑。所以当你听到某权威人士或是机构发表的言论遭到别人攻击时，可能也会惊讶，为什么名人也会有谎言呢？其实，这是社会发展的必然结果，在这个物欲纵横的时代，只有很少一部分人能坚持一颗纯洁的心。所以，当你在这个世上生活时，最值得相信的就是自己。自己去追求自己想要的东西，远比寄托在他人身上可靠得多。

做自己的"大师"，是对自己生命的负责，自己内心的声音才是对自己生命价值最好的体现。相信自己是最棒的，正视自我，努力进取，用自己的实际行动来回报生命。

亲鸾上人是日本著名禅师。9岁那年，他就立下了出家的决心，请慈镇禅师为他剃度。慈镇禅师就问他："你这么小，为什么要出家呢？"

亲鸾说："我虽然只有9岁，父母却已双亡。我不知道人为什么一定要死亡？为什么我一定非要与父母分离？所以，我一定要出家，探索这些道理。"

慈镇禅师说："好！我愿意收你为徒。不过，今天太晚了，待明日一早，我再为你剃度吧！"

亲鸾却说："师傅！虽然你说明天一早为我剃度，但我终究是年幼无知，我不能保证自己出家的决心是否可以持续到明天？而且，师傅，你年纪这么大了，你也不能保证是否明早起床时还能活着吧？"

慈镇禅师听完，不禁拍手叫好，满心欢喜地说："对！你说的话完全没错。现在我就为你剃度！"

人生就像一场没有彩排的戏，谁也料不到下一刻会发生什么。今天你腰缠万贯，一夜之间就可能负债累累；今天你高居庙堂，明朝就有可能远走他乡；今天你合家欢乐，明朝就有可能妻离子散。这样的事情时有发生，并不是危言耸听。人生无常，应在有限的生命里活出自我，要不留遗憾，对得起自己。

我们身边有很多人，他们总喜欢把事情拖延，要等到明天再去做，其实这不仅仅是他们懒惰的表现，而是他们一种极不负责任的拖延。生命中的每一分钟都是值得珍惜的，谁知道一觉醒来你还会不会活在这个世界上。尤其是面对自然灾害时，生命的脆弱展露无遗。纵使我们拥有再多的财富、再高的权位，又有什么用呢？"人是一棵有思想的芦苇"，说白了就是说明生命的脆弱。所以，如果你还活在这个世界上，你应该感到庆幸。今天该做的事情，就要今天完成，不要拖到明天。那些理想、豪情壮志只是激励我们的一种方式，最重要的是把握眼前，把眼前的事做好，你才有可能达成梦想。

"明天"和"意外"不知道哪一个会先来，最重要的是要活在当下。把自己的生命尽情地展示出来，体现出你的生命应有的价值，这才是我们活着的意义。不要想着明天会怎样怎样，即使明天来了，你的这种拖延的心理也会把事情拖延到下一个明天。日复一日，这种心态就会形成习惯，难以更改，终究会误了你的一生。

活出真正的自己，把眼前的事情做好，这就已经对你的生命负起了责任。凡事要抓紧，今天的问题今天就要解决，不要拖到明天。把握现在，才有可能展望未来。